趣奇生物研究所

雌雄动物图鉴

〔日〕丸山贵史 编
〔日〕小卷 绘
郑鑫瑜 译

CRS K 湖南科学技术出版社·长沙

图书在版编目（CIP）数据

雌雄动物图鉴 /（日）丸山贵史编；郑鑫瑜译 . —长沙 : 湖南科学技术出版社 , 2024.5
（趣奇生物研究所）

ISBN 978-7-5710-2356-0

Ⅰ . ①雌… Ⅱ . ①丸… ②郑… Ⅲ . ①动物 - 普及读物 Ⅳ . ① Q95-64

中国国家版本馆 CIP 数据核字（2023）第 139495 号

OSU MESU KURABERUTO KONNANICHIGAU TSUGAI DOBUTSUZUKAN

by Takashi Maruyama.Illustrated by Shono Maki

Copyright © Takashi Maruyama, 2020

All rights reserved. Original Japanese edition published by KANKI PUBLISHING INC.

Simplified Chinese translation copyright © 2024 by HUNAN SCIENCE & TECHNOLOGY PRESS

This Simplified Chinese edition published by arrangement with KANKI PUBLISHING INC., Tokyo, through

Shinwon Agency Co.

著作权合同登记号 18-2024-139

CIXIONG DONGWU TUJIAN

雌雄动物图鉴

编　　者：［日］丸山贵史

绘　　者：［日］小卷

译　　者：郑鑫瑜

出 版 人：潘晓山

责任编辑：李　霞　杨　旻

责任美编：刘　谊

出版发行：湖南科学技术出版社

社　　址：长沙市芙蓉中路一段 416 号

　　　　　泊富国际金融中心

网　　址：http://www.hnstp.com

湖南科学技术出版社天猫旗舰店网址：

　　　　　http://hnkjcbs.tmall.com

邮购联系：本社直销科 0731-84375808

印　　刷：长沙玛雅印务有限公司

　　　　（印装质量问题请直接与本厂联系）

厂　　址：长沙市雨花区环保中路188号

　　　　　国际企业中心1栋C座204

邮　　编：410000

版　　次：2024 年 5 月第 1 版

印　　次：2024 年 5 月第 1 次印刷

开　　本：880mm×1230mm　1/32

印　　张：5.5

字　　数：136 千字

书　　号：ISBN 978-7-5710-2356-0

定　　价：58.00 元

（版权所有 · 翻印必究）

目录

第 **1** 章

哺乳动物

哺乳动物　雄性和雌性的区别　　8

2

第 **2** 章
爬行动物

爬行动物　雄性和雌性的区别　　52

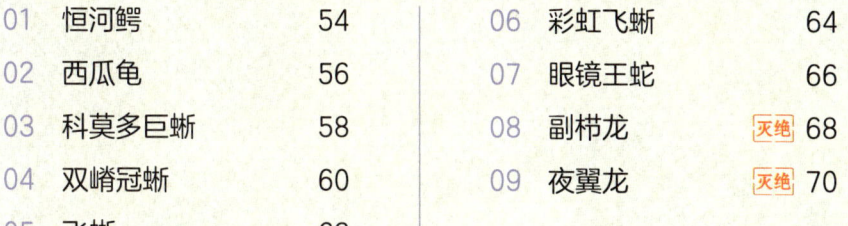

第 **3** 章

鸟类

鸟类　雄性和雌性的区别　　　　74

第 **4** 章

节肢动物

节肢动物　雄性和雌性的区别　　98

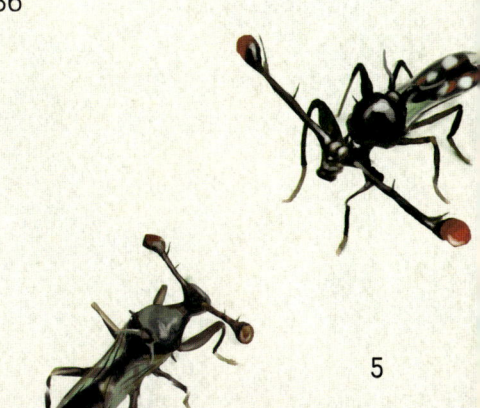

鱼·两栖动物

动物为什么分雄性和雌性？

我们所熟知的动物一般都分雄性和雌性，这是为什么呢？

为了形成受精卵。

没有受精的无精卵不能孵化出小鸡！

雌性的体内可以排出卵子，雄性则可以产生精子。精子和卵子结合就会形成受精卵。陆地上的动物通过交配使卵子在雌性体内受精（体内受精），在水里生活的动物，多数是雄性把精子排在雌性的卵子上使其受精（体外受精）。

为了改变遗传基因。

通过受精卵发育而来的宝宝，继承了父母双方的遗传基因。这一遗传方式不仅可以产生复制父母双方特征的宝宝，还会逐渐产生具有不同于父母特征的宝宝。物种多样性就这样形成了！这使得生物要么向别的物种进化，要么对环境的适应性增强。

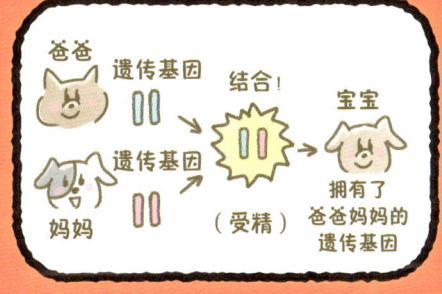

爸爸　遗传基因　结合！　宝宝

遗传基因

妈妈　（受精）　拥有了爸爸妈妈的遗传基因

有些物种不分雌雄。

大多数细菌等微生物可以通过细胞分裂来复制自己，所以没有雌性和雄性的区别。另外，也有像蚯蚓或蜗牛这样的生物，它们的个体同时拥有雄性和雌性的特性，所以它们可以不在意对方的性别自由交配。

有性别之分的生物没有繁殖效率？

当物种数量很少的动物只剩两个的时候，如果它们是同性，就没有办法留下后代。性别的分化使得能够交配的对象减少了一半，可以说繁殖效率很低。既然是这样，为什么大部分动物都有性别之分呢？自然还是因为有性别之分对繁衍后代有好处。

那么，有性别之分为什么就有利呢？

为什么雄性和雌性存在不同？

雄性和雌性的区别在于产生精子还是卵子。但为什么雄性和雌性光看长相就不一样呢？

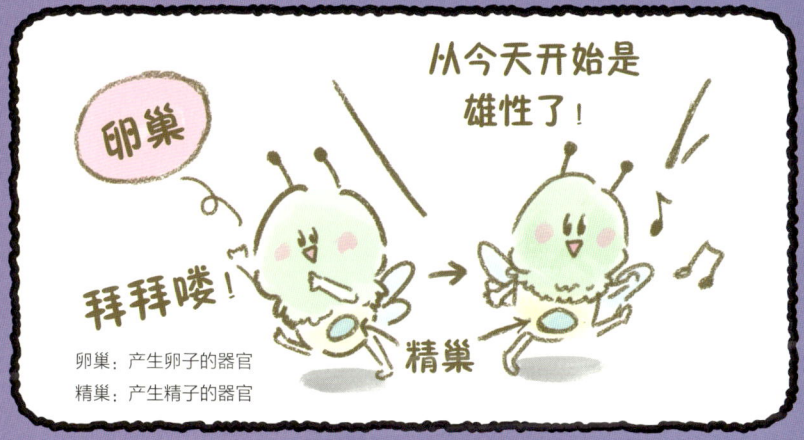

万能型不好吗？

　　一个生物同时拥有雌性和雄性的特性应该也很不错。但出人意料的是，在生物界样样通的万能型选手并不厉害，这就像对于很多体育项目都会一点的人无法在各专项运动里打败专业选手一样。生物的世界里竞争非常激烈，所以舍弃没有意义的东西，向某一特定方面投入精力反而可能更容易留下后代吧。

雄性和雌性的角色分工。

如果选择一种性别，就要舍弃另一种性别的功能，那么放弃另一种性别所省下的能量就可以用在繁衍后代上。比如，如果雌性把精力集中在产卵上，卵子的数量就会变多。雌性携带

大量卵子，这使得它们的体重增加。但是轻巧灵活的雄性却可以为了寻找更多的雌性而四处游走，甚至到很远的地方。这样的话，雌雄交配的机会增加了。生物通过这种角色分工让繁殖效率变得比"单打独斗"更高。

正确答案不只一个。

生物多种多样，
它们的生存技能也多种多样！

但是，活下来的方法不只有一种。有的生物不分雌雄，有的还能中途转换性别。只是对大多数动物来说，分化出雌雄更有利于繁衍。

但是，雄性和雌性的角色分工，有那么大的不同吗？

4

为什么很多动物的
雄性更好看？

有很多动物，雄性很漂亮，雌性却很不起眼。
实际上这也与雄性和雌性所扮演的角色不同有很大关系。

母鸡的卵子　　公鸡的精子

※ 太小了看不见

鸡卵的长轴为 60 mm，精子的长度是 0.001 mm。

产卵不容易。

　　雌性产出的卵通常很大，雄性排出的精子却小到肉眼看不见。因此，当合成受精卵时，雌性需要付出远远超过雄性的巨大能量。雌性能排出的卵子数量有限，而雄性产生的精子数量几乎不受限制。雌雄之间的生育成本差别如此悬殊，导致它们也进化出了不同的"战略"措施。顺便说一下，哺乳动物会在肚子里将小小的受精卵养育长大。

有选择权的雌性，被挑选的雄性。

雌性不想浪费付出了巨大代价才产出的卵子。但是，由于雄性可以毫不费力地产生精子，它们则希望尽可能多地与雌性交配从而留下后代。由于双方的"战略"不同，雌性会选择优秀的雄性，雄性为了获得青睐，则进化出了可以让自己更突出的特点。雄性长得更好看，更会鸣叫或者时常打架也是这个原因。

雄性是这样变美的……

在一夫一妻制的生物中，雌雄间的区别很小，而在一夫多妻制的生物里，雌雄间的区别很容易变大。在一夫多妻的情况下，单个雄性生物要独占多个雌性生物，这导致很多雄性变成了"光棍"。因此，雄性之间的

竞争变得很激烈，"功利性能力"也更容易进化。比如，身材越来越高大，模样越来越漂亮等。

那么，雌雄之间到底有什么不同呢？让我们一起来看看进化的不可思议之处吧！

第 **1** 章

哺乳动物

还算不一样

大多数动物雌雄间的体毛颜色没有差别，单从体毛无法区分一些物种的性别。但是，通过雄性特有的角或艳丽的外表，还是有很多动物容易区分雌雄。

大小

雄性体型大

大多数哺乳动物的雄性比雌性体型大。人类男性的平均身高比女性高约 8%，而在哺乳动物中，雌性比雄性体型大的只有斑鬣狗、夏威夷僧海豹、白长须鲸等极少数物种。

哺乳动物

雄性 和 雌性 的区别

我们身边生活着很多哺乳动物。但即使在动物园里观察，能够立即分辨出雌雄的哺乳动物也出乎意料地少，对吧？

交配

哺乳动物一定会交配。雌性通常会先在肚子里孕育胎儿然后生产，几乎不采用产卵的方式。另外，只有雄性哺乳动物的生殖器会露在体外，但它们中的大多数通常情况下都会将其收缩在体内。

其他

有乳房

用母乳养育幼崽的只有哺乳动物。雌性哺乳动物的乳房在育儿期会变大。只是雄性也有乳头，不能说"有乳头的就是雌性"。哺乳动物有母乳喂养幼崽这一特点，所以通常是雌性负责养育幼崽。

敲小·黑板

- 虽然很多哺乳动物难以区分雌雄，但是雌雄差异明显的也不少。
- 大多数情况下雄性体型更庞大。
- 交配后雌性在体内孕育胎儿，然后生产。
- 采用母乳喂养的方式。

红毛猩猩

Pongo pygmaeus

栖息地
加里曼丹岛、苏门答腊岛

体长
雄性：1 m
雌性：80 cm

分类
哺乳纲·灵长目·人科

食物
果实

雄性

　　红毛猩猩是亚洲最大的灵长类动物，也是人类的近亲类人猿。在白天活动的灵长类动物中，只有它们不采用群居的生活方式，具有独自生活的罕见特点。

　　雄性的脸部周围会像铁饼一样鼓起来，当然这只有在强健的雄性身上才能够看到。当打败其他雄性时，它们会觉得"我最厉害"。这时，它们的身体就会分泌雄性激素，脸部会鼓胀起来。经过一年左右，这张脸就会变得如凶神恶煞一般。

　　动物园饲养的雄猩猩的脸随着年龄增长而变大。这可能是因为周围没有更厉害的雄性的缘故吧。但是，据说如果哪只雄猩被相对高大的饲养员照顾，它就会缺乏自信，一直保持像雌性那样的小脸也是常有的事情。

雌性

红毛猩猩小时候眼睛周围是肉色的，这使它们的眼睛看起来大大的，感觉很可爱。雌性也长这样，只是脸色偏黑，有一点吓人。红毛猩猩妈妈的一生中有7年是和幼崽一起度过的。这是除了人类以外，动物中育儿时间最长的。由于红毛猩猩是独居生活的，小红毛猩猩不能通过群体生活观察同伴的行为进行模仿学习，因此，它们必须趁着妈妈在身边时，学会所有谋生技能。这可能是红毛猩猩育儿时间长的原因吧。

山魈

Mandnillus sphinx

栖息地
非洲中部

体长
雄性：90 cm
雌性：65 cm

分类
哺乳纲·灵长目·猴科

食物
果实、蜥蜴、昆虫

雄性

　　山魈被认为是哺乳动物中颜色最艳丽的动物之一。它们不仅脸部呈红蓝相间的艳丽色彩，就连臀部周围颜色也如彩虹般绚丽，神秘得让人心生敬畏。

　　话说回来，哺乳动物的祖先可能多有夜间活动的习性，它们分辨颜色的能力并不突出。但是，由猿猴进化而来的物种中，还是有很多能够分辨颜色。这可能是因为它们常在白天活动，这一能力更便于它们在森林中找到红色或黄色的水果吧。也因如此，产生了山魈这样靠颜色来突显自己的物种。

　　但是，哺乳动物的毛发里只有黑色和茶色两种色素，无法长出红色或蓝色的毛。于是，利用血管的颜色和光的散射原理，山魈获得了浮夸的颜色。雄山魈越健康，营养越充沛，颜色就越鲜艳。因此，颜色越夸张的雄山魈越强壮，越有机会与更多雌山魈交配。

快跟在我后面！

心头小鹿乱撞！

特大雄山魈体重超过 50 kg，它们是除了类人猿以外最大的猴科动物。

好呢！

雌性的体重不到雄性的一半，它们鼻翼处的沟很浅。臀部颜色也不像雄性那样绚丽夺目。

雌性

　　山魈以亲朋好友为中心建立起大规模的集群。它们生活在即使是白天也稍显昏暗的热带雨林的地面上。在这样的环境里，无论从前面还是从后面看都很显眼的雄山魈，就会成为族群无法忽视的对象，这在雌山魈们看来觉得很可靠。

　　雌山魈的脸和雄山魈没有多大差别，只是它们的身体颜色没有那么绚丽夺目，所以看上去好像没精神。

大猩猩

Gorilla gorilla

栖息地
非洲

体长
雄性:1.8 m
雌性:1.6 m

分类
哺乳纲·灵长目·人科

食物
果实、叶、茎、昆虫

雄性

在格斗领域里虽然有实力出众的人,但恐怕没有能赤手空拳战胜大猩猩的人。体格巨大的雄性大猩猩体重可达 200 kg,握力可以超过 500 kg,人和它们根本不在一个等级。

雄性大猩猩的犬齿就像食肉动物的那样巨大,其咬合力是人类的 10 倍。它们的头骨上有像鸡冠一样的突起,连接着强有力的下颌肌肉,所以它们的头顶是尖的。

成年雄性背上的毛呈鲜艳的银色,这是强者的证明。大猩猩有丰富的想象力,似乎会考虑到"受伤了可不好啊"。因此,有责任保护族群的雄性进化成可以避免斗争的样子,它们会用可怕的尖头顶和银色的后背来吓唬对手。

雌性

　　大猩猩的族群中，每个家庭由一只雄性大猩猩及多只雌性大猩猩和幼崽组成。它们在森林里过着散步吃饭两不误的生活。雌性的身材虽然与青年雄性相似，但是它们的头不会随着年龄的增长而变尖，后背也不会变成银色。不过，雌性也会做出张开双臂敲胸口的"咚咚锵"行为。"咚咚锵"有点像战斗中的信号，实际上是大猩猩在向周围的同伴表达"我很不满"的态度。

頭骨的顶峰处有尖（箭状棱）。

我的儿，看看老爹的后背！

拥有银色后背的雄性被称为"银背大猩猩"。

长鼻猴

Nasalis larvatus

栖息地
加里曼丹岛

体长
雄性：70 cm
雌性：60 cm

分类
哺乳纲·灵长目·猴科

食物
树叶

雄性

长鼻猴所独有的长鼻子，让它们和其他猴子划清了界限。随着年龄的增长，雄性的鼻子会越来越长，有的甚至长到进食的时候不得不用上肢把鼻子抬起来。我们很想用"雌猴就好这口"来解释它们能长这么长鼻子的原因，但实际上似乎并没有这么简单。

一只雄长鼻猴可以组建一个包含多只雌长鼻猴的族群。通常动物为了组建族群，雄性之间会进行激烈的战争，在一些动物中，输了的一方甚至会死去。然而雄长鼻猴之间却几乎不打架。

实际上，雄性的"鼻子长度""体重""族群雌性数量"这几点之间是相对成比例的。"鼻子的长度＝雄性的能力"，也就是说，为了可以和平地决定谁更厉害，雄性的鼻子变长了。

雌性

在长着大长鼻子的雄猴所统领的族群里，聚集着多只雌猴。对雌猴来说，长鼻子并不意味着"帅"，仅仅是"强壮雄猴的特征"而已。事实是，有长鼻子却没有能耐的雄猴并不存在。

另外，雄猴的鼻子越长，声音就越低沉。因此，即使在看不见远方的密林深处，如果听到低沉的声音，雌猴就会想"啊，这只雄猴听上去很强啊"，便很有可能循着声音的方向去寻找。

红大袋鼠

Macropus rfus

栖息地
澳大利亚

体长
雄性：1.5 m
雌性：1 m

分类
哺乳纲·双门齿目·袋鼠科

食物
草、树叶

雄性

虽然它们被叫作红大袋鼠，但是只有成年雄性的皮毛呈现茶红色。雌袋鼠和小袋鼠的皮毛是暗淡的灰色。实际上，在有袋类动物中，像红大袋鼠这样雌性和雄性的长相有明显区别的很少见。

另外，雄性的身体远比雌性大，体重是雌性的两倍以上。红大袋鼠全年都是繁殖期，所以在群体中，到处都能看到雄性为证明谁更厉害而打架的情景。雄性在打架的时候会用前腿抱住对手的头并用后腿向前踢，有时还会把尾巴支在地上，用两条后腿向前蹬。因为只有获得胜利的雄性可以和雌性交配，所以又大又强壮才是最重要的。

不得不提的是，红大袋鼠如果用后腿站起来并把后背伸直，体长可以达到 2 m。它们是现存有袋类动物中最大的物种，成年后简直无敌。

雌性

　　红大袋鼠属于有袋类动物，所以雌性的肚子上有育儿用的袋子。尽管这样，由于袋口时常紧闭或被皮毛覆盖，育儿袋可能难以辨认。但是，如果仔细观察，应该会看到袋鼠妈妈打扫袋子，或者小宝宝从袋子里伸出脑袋，或者长大的幼崽把头伸进袋子里喝母乳的情景。

06

斑鬣狗

Grocuta crocuta

相比平均体重是 52 kg 的雄斑鬣狗，雌性约重 62 kg。雄性不只在体重上和雌性有差别，更输在精神层面。

是不是该轮到我吃饭了？

胆战心惊

胆战心惊

栖息地
非洲

体长
雄性：1.5 m
雌性：1.6 m

分类
哺乳纲·食肉目·鬣狗科

食物
哺乳动物、鸟类和它们的尸体

雄 性

当雄斑鬣狗长到 2~3 岁时，会从自己出生的族群脱离出来。但是，年轻的雄性单独生活非常困难，因此，它们必须找到能接纳自己的族群。

斑鬣狗族群的头领是大型雌斑鬣狗，族群中的其他雌性是资深前辈。新进雄斑鬣狗的地位是最低下的，它们即使心怀不满也无法从族群中脱离出去。所以雄性的弱小不仅因为其体型小，也源于族群规则的束缚。

嗯？你要干嘛？

狼吞虎咽

狼吞虎咽

狼吞虎咽

由于有"假阴茎"，动物园中出现过把雌性当成雄性饲养的情况。

雌性

斑鬣狗是鬣狗中体型最大的，它可以"嘎吱嘎吱"地把骨头嚼碎后吃掉。但是，这种看上去很强壮的形象仅仅属于雌性。这种雌性比雄性个头大的情况在哺乳动物中非常罕见。

斑鬣狗常常多个家庭聚集在一起，形成一个"氏族"。这个"氏族"的头领是大型雌斑鬣狗，继承者则是它的女儿。也就是说，斑鬣狗是母系族群。

另外，雌性有"假阴茎"，它们通过这个器官小便和生产。第1次生产通常是极度难产，会有10%的母亲和60%的幼崽在生产过程中失去生命。有一种说法是，这么不方便的器官会得以进化是"为了控制交配"。也就是说，如果雌性不把"假阴茎"收回身体里就不能进行交配，因此雄性是不能随心所欲地交配的。

07

非洲象

Loxodonta africana

♀ 雌性的牙齿长的可以超过 2 m。只是它们的牙齿通常很短，短到从外面几乎看不见。

栖息地
非洲

到肩膀的高度
雄性：3.2 m
雌性：2.6 m

分类
哺乳纲·长鼻目·象科

食物
草、树叶或树枝

雌性

　　非洲象以雌象和小象为中心过着群居生活。族群中的头领是年长的雌象，雄象仅仅在繁殖期露脸，它们和"亲人"这个词没有关系。

　　雄象长到 10 岁左右时就会离开自己的族群，而雌象即使长大了也会留在妈妈身边。它们是母系族群。几乎一辈子都群居的雌象靠族群中众多的同伴来保护自己，所以哪怕它们的体重只有雄象的一半，抵御外敌也绰绰有余。

家喜欢成熟一点
的大叔！

哎，要不要哥哥带
你去兜风？

雄性的牙齿长 3.5 m，有的
牙齿重量超过 100 kg，是
世界上最大的牙齿。

雄性

　　非洲象是陆地上最大的动物。虽然雄性体型更大一些，但雌性也很健壮，所以从体型上很难区分雌雄。另外一个需要关注的是象牙的长度，雄性象牙的长度是雌性的两倍。

　　雌雄之间在体型和象牙长度上出现区别的原因是，雄性之间会为了争夺雌性而战斗。体型较大、象牙较长的雄性有更多的机会繁衍后代，所以雄性变得高大威猛。

　　雄性的身体会随着年龄的增加而成长到 30 岁左右，它们的象牙也会不断变大。越年长的雄性越强壮，也越受欢迎。实际上，明明雌象在 14 岁左右就可以生产了，可是能够与它们交配的都是中年雄象。这种情况在野生象群中得到了证实。

08

长颈鹿

Giraffa camelopardalis

栖息地
非洲

到肩膀的高度
雄性：3.5 m
雌性：3 m

分类
哺乳纲·偶蹄目·长颈鹿科

食物
树叶

雄性

　　说到长颈鹿，我们都知道它是世界上最高的动物。它从头顶到脚后跟的高度最多可达 6 m。它们长这么高，是为了在热带稀树草原中独占大树的树叶。

　　长颈鹿虽然有 5 个鹿角，但因为头的位置太高了，鹿角并不适合用来防御天敌。当被狮子攻击时，长颈鹿会发挥大长腿的优势，用踢的方式来反抗。那么，鹿角是用来做什么的呢？当然是作为雄性之间打斗的武器。

　　雄性为处在发情期的雌性而战斗，它们像挥动鞭子一样挥动长脖子，用头给对方一记重锤。它们利用离心力，通过鹿角猛烈击打所产生的破坏力十分惊人，以至于产生因为打架而致死的情况。

雄性的两个主角和额头上的鹿角相对大一些。它们的后脑勺也有两个短短的鹿角，但有一些发育不出来。

好吃！

好吃！

真好吃！

雌性虽然有鹿角，但是由于不用来战斗，多数只剩下主角最前端的毛穗了。

雌性

　　雌性比雄性个头矮，常吃偏低处的枝叶，而雄性会伸长脖子去吃高处的枝叶，这就避免了雌雄之间为了食物互相争夺的可怕场面。

　　另外，尽管长颈鹿生活在杂草丛生的热带稀树草原，但它们几乎不吃地面上的草。这是因为它们把长长的脖子伸到地面去吃草太麻烦了。同样，喝水也是一件麻烦事，所以它们很少喝水。

09

狮子

Panthera leo

栖息地
非洲

体长
雄性：2.1 m
雌性：1.8 m

分类
哺乳纲·食肉目·猫科

食物
肉

雄性

区分成年狮子的性别很简单，只有雄狮长着随风飘动的鬃毛。猫科动物中雌雄之间几乎没有差别，狮子竟然如此不同，可能是它们采用群居方式生活的缘故吧。

雄狮的鬃毛最重要的功能是作为强者的证明。在狮子的世界里，毛发越柔韧，颜色越黑，越能得到雌性的青睐。鬃毛还可以用来向其他雄性耀武扬威。雄狮如果怀着"我很强"这样的自我认知，帅气的鬃毛也会因此变得更加漂亮。

武力是保护族群最重要的方式，帅气的鬃毛昭示着自身的实力。只是，有鬃毛太热了。在炎热的地方，比起帅气的外表，似乎预防中暑才是王道，所以长着短鬃毛的雄性更常见。

雌性

算上小狮子,一个族群有 10~15 头狮子。族群中的雌狮基本是亲子或者姐妹关系,狩猎基本上是雌狮的工作。一个族群中只有 1~2 头雄狮,而且它们明明什么活都不干,却是率先享用猎物的。

10

鹿豚

Babyrousa byrussa

栖息地
苏拉威西岛及其周边岛屿

体长
雄性：1 m
雌性：90 cm

分类
哺乳纲·偶蹄目·猪科

食物
水草、树木的果实

雄性

你知道野猪有几根獠牙吗？它们虽然上下颌都有两根獠牙，但是上颌的獠牙长出来后旋转半圈反而朝上长了。所以当它们闭上嘴巴时，上下獠牙会重合，看起来就像只有两根朝上长的獠牙。

作为野猪的同类，鹿豚的獠牙是最长的。从下颌长出的獠牙相当长，而从上颌长出的獠牙则穿透鼻子的皮肤表面，牙尖朝向自己。

为什么这种用作"武器"却有缺陷的獠牙会进化出来呢？当然是因为雌性喜欢。长着长牙的雄性本来就很有实力，但也许是因为雌性更倾向于选择拥有长牙的雄性一起繁衍后代，在漫长的进化过程中，獠牙本身所具有的"武器"属性被淡化了，"变长"成为重要的进化准则。事实上，长长的獠牙对雄性来说尤为重要，獠牙断了的雄性会变得不受欢迎。

雌性

　　雌鹿豚的獠牙无法长长，再加上身体几乎没有毛发，所以看上去和野猪并无不同。鹿豚生活在热带海岛的水边，和河马一样为了适应水中的生活，它们的毛发也逐渐退化了。

　　作为多子多福的野猪家族的一员，鹿豚保留了一次只生一两个幼崽的特点。日本野猪的乳头有 10 个，而鹿豚的乳头只有 2 个。它们的哺乳期长达半年以上，和野猪相比稍显漫长。

♀ 它们的身体呈流线型，方便活动，在水中时可以降低水的阻力。

眼看就要扎进去了啊……

上颌的獠牙由于太长，有的会扎到头骨里。不过，还没有鹿豚因为獠牙穿透头骨而致死的情况。

鸭嘴兽

Ornithorhynchus anatinus

♀ 它们会在巢穴中产下 1~3 个卵，然后抱在身上孵化 10 天左右。

栖息地
澳大利亚东部

体长
雄性：55 cm
雌性：45 cm

分类
哺乳纲·单孔目·鸭嘴兽科

食物
虾、水生昆虫、青蛙

雌性

作为卵生的原始哺乳动物，鸭嘴兽赫赫有名。雌性会在水边挖一个巢穴来产卵，并把身体蜷成一团以包裹住卵。刚出生的鸭嘴兽粉嘟嘟的，几乎没长毛，什么都看不见。

鸭嘴兽是哺乳动物，采用母乳喂养的方式。然而，雌性没有乳头。它们的皮肤会像分泌汗液一样渗出乳汁供幼崽舔食。

毒距

毒腺

鸭嘴兽不分雌雄，大小便都从屁股上的同一个洞排泄出来。雄性的生殖器藏在这个洞里，平时看不见。

雄性

乍一看，鸭嘴兽的雄性和雌性并没有很大差别。大体看来雄性的体型偏大一些，但其实在其他方面也有不同。雄性的后足上有被称为"毒距"的第 6 根脚趾。

雄鸭嘴兽的脚趾，有 5 根长在指根处，没有骨头。毒距中有一根管子可以输送毒液。虽然尚未出现因为这种毒液而死的人，但是据说被刺伤的部位会出现不同程度的肿胀，强烈的疼痛感会持续好几天。

鸭嘴兽宝宝都长有毒距，但是雌性的毒距在幼年时期会退化，自然无法进化出产生毒素的能力。只有成熟雄性拥有毒距，它能成为雄性之间战斗的武器。事实上，在争夺地盘或竞争激烈的繁殖期，鸭嘴兽产生的毒素也会相应增加。

梅花鹿

Cervus nippon

栖息地
亚洲东部

体长
雄性：1.6 m
雌性：1.2 m

分类
哺乳纲·偶蹄目·鹿科

食物
树叶、草

雄性

说起雄梅花鹿，我们就会想到它独有的"角树"。但是，鹿角不是一直都有的，每年3月会脱落，次年初到5月再长出。

鹿角中没有骨髓，仅仅是架在头骨上而已。因此，鹿角无法从内部汲取养分，只能靠覆盖在外皮上的血管输送的营养来维持生长。当鹿角变得足够大时，雄鹿会在树木上摩擦鹿角，将鹿角上的表皮磨掉。已经成形的鹿角无法变得更大，随着梅花鹿年龄的增长，它们还需要自我更新。

在繁殖期，雄性的鹿角是战斗的主要武器。强壮的雄鹿会遭遇被将近10头雄鹿围堵的困境，所以哪怕自己的鹿角只是比同伴稍微大一点点，对雄鹿来说都至关重要。

雌性

　　雌性没有鹿角，那些用来生成鹿角的蛋白质、磷等营养物质，还有需要承载鹿角的体力都被节约下来了。再说，养育小鹿本来就很消耗体力，它们已经没有余力再长角了。

　　不过，也有雌性长角的品种——驯鹿。在冬天育儿的驯鹿会用鹿角刨雪然后贮藏食物。如果食物不充足，将导致雌鹿无法产奶。这样看来，拥有鹿角还是有很大的好处。

裸鼹鼠

Heterocephalus glaber

什么时候我也能看看外面的世界……

成为女王后，身体会逐渐变大。♀

栖息地
非洲东部

体长
雄性：10 cm
雌性：10 cm※女王12 cm

分类
哺乳纲·啮齿目·滨鼠科

食物
植物的根

雌性

裸鼹鼠以超级大家庭的形式生活。雌性仅有一小部分负责生产，其他的则主要帮忙育儿。它们被称为真社会性动物。真社会性动物中声名远扬的是白蚁和蜜蜂，其实真社会性动物中也有哺乳动物，那就是裸鼹鼠。

裸鼹鼠像白蚁一样在地下挖洞，建筑巢穴。通常约有80只裸鼹鼠以群居的方式一起生活。这其中，只有1只雌裸鼹鼠负责生孩子。这只特殊的雌裸鼹鼠被称为

咔哧咔哧——

ZZZ ZZZ

从长相上来看，雌雄没有差别。雄性即使成为女王的另一半也无法变得和女王一样大。

雄性

"女王"。只要女王存在，其他雌性就无法发育成熟，更不能交配。

按照常理，如果女王死了，剩下的姐妹会为了继承王位而展开激烈的厮杀，但这种事情在裸鼹鼠身上很少发生。这是因为，裸鼹鼠很难老去，它们虽然只有小仓鼠那么大，却可以活到30岁以上。

女王以外的雌裸鼹鼠是"工鼠"。为了巢穴的安定，它们需要担负起修补隧道、养育幼崽等责任。当然雄性也要做这些工作，但是它们比雌性多了繁殖的工作。因为女王的另一半可以是多个雄性。

另外，雄性中也有不干活光养膘的。这样的雄性会在某个时候出现在地面上，为了和其他巢穴中没有血缘关系的裸鼹鼠组成新的家族而开启漫长的旅程。

14

锤头果蝠

Hypsignathus monstrosus

栖息地
非洲中西部

体长
雄性：30 cm
雌性：24 cm

分类
哺乳纲·翼手目·狐蝠科

食物
果实

雄性

雄锤头果蝠长着像马脸一样的大长脸。它们不仅脸长，鼻子还是鼓起来的，鼻头则好像是在事故中被压扁了一样。它们长成这样是为了发出有威力的声音。

进入繁殖期后，雄性会聚集在一棵树上，像青蛙一样发出"呱——呱——""嘎——嘎——"的叫声。森林中的雌性听到这种声音就会被吸引，飞出森林寻找它们。

叫得很大声的雄性周围会拥上来很多雌性，所以对雄性来说，鼓起来的大鼻子极为重要。它们鼓鼓的大鼻子里有一个"共鸣袋"，可以放大声音。另外，雄性的咽喉处有一个发声器官，即"喉头"，比雌性的大3倍多。通过它，空气可以被有力地吐出来，雄性进而发出相对嘹亮的声音。

雌性

雌性只需要选择声音大的雄性，它们并不需要鼓起来的鼻子。雌性也长着马脸，虽然没有雄性那么严重。

锤头果蝠会将无花果、芒果等果子含在嘴里，吸食果汁，剩下的果肉会被团成叫作"食丸"的小块儿然后扔掉。因此，长脸的雌性也更有优势——似乎脸越长，它们越能将更多果子塞进嘴里，从而更有利于享用果汁。

15

三趾树懒

Bradypus tridactylus

栖息地
美国中部、南部

体长
雄性：70 cm
雌性：70 cm

分类
哺乳纲·贫齿目·树懒科

食物
树叶

雄 性

在日本动物园就可以见到的二趾树懒相对活泼，它们会进食一些水果，较容易饲养。比起二趾树懒，看起来更像"懒虫"的三趾树懒，只吃几种特殊的叶子，较难饲养，在日本看不到。

即使是这样，如果有机会看到三趾树懒，要记得看看它们的后背。雄性后背上有黄色或橘色的"斑秃"。这是雄性特有的，它的作用并不是用来驱赶鸟类。

那么为什么雄性会长成这样？似乎主要还是为了吸引雌性。它们橘色花纹处的毛发很短，会分泌出黏糊糊的物质。这种物质散发出的气味相当刺鼻，类似于霉臭味，不知道为什么雌性会对这种味道情有独钟。

树懒宝宝即使断奶了也和妈妈生活在一起。在这期间它们要学会适应妈妈日常食用的树叶。

噗！

把我爱的味道传达出去吧！

角雕作为树懒的天敌，鼻子并不好使，所以树懒通过味觉来求爱的方式也可以降低风险。

雌性

　　如果看到抱着宝宝的树懒，那一定是树懒妈妈。树懒宝宝只需要喝 1 个月的母乳，但是断奶后超过 5 个月的时间它们都会紧紧抱住妈妈。

　　成年雌性进入繁殖期后，会发出"哔——"一样尖锐而高亢的声音。这是呼唤远方雄性的爱的音乐。别看树懒们平时没干劲，到了这个时期它们就会兴奋起来，雄性会为了爱情而扭打成一团。

16

象海豹

Minounga leonina

栖息地
太平洋东部、大西洋南部

体长
雄性:5 m
雌性:2.8 m

分类
哺乳纲·食肉目·海豹科

食物
乌贼、鱼

我们称群集在一头雄性周围的多头雌性为"后宫"。没有动物能像象海豹这样形成规模如此庞大的"后宫"。象海豹领袖被称为"沙滩霸主",它的"后宫"中有约100头雌象海豹。它们简直就是海岸的支配者。

可能有人说被众多雌性包围很让人美慕,但是守住"沙滩霸主"的地位很辛苦。雄象海豹必须不辞辛苦地把"骚扰"雌性的对手赶走。这其中也有专门挑衅、只为一决高下的雄性。所以雄象海豹哪怕被撕咬得浑身是血,也要誓死守住自己"沙滩霸主"的地位。

只有能够不断通过如此凶险的考验而胜出的雄性才可以留下后代。这使得雄象海豹的体型变得异常硕大。也因此,似乎多达90%的雄性一辈子都没有机会担任"沙滩霸主"。

雌性

　　象海豹拥有长长的鼻子。通过空气在长鼻子中的回响，雄性能够发出像漱口一样"咯啦咯啦"的声音从而威吓对手。但是，雌性的鼻子并不长，它们长了一张普通海豹的面孔。

　　另外，雌性的身体相当庞大，它们最重可以达到 800 kg。即使是这样，它们和雄性比起来还是相差很大。不过，既然不需要冲锋陷阵，雌性即使个头很大也没好处。

17

一角鲸

Monodon monoceros

栖息地
北冰洋

体长
雄性：4.5 m
雌性：4 m

分类
哺乳纲·鲸偶蹄目·一角鲸科

食物
鱼

雄性

雄性一角鲸有一个长长的"角"，但应该也有很多人知道这其实是它的牙齿吧。雄性上颌的左犬齿穿透嘴唇的皮肤后继续生长，可以长到 3 m。一角鲸除了左犬齿外没有其他牙齿。它们通过把大量鳕鱼等生物吸入口中并吞进肚子里来进食，所以进食时用不着牙齿。

如今在鲸类中，拥有这种牙齿的只有雄性一角鲸。很可能雌性喜欢有"龅牙"的雄性，所以雄性的犬齿越来越长。

不过，这长牙并非毫无用处。据说，一角鲸的牙齿表面有许多张开的细小孔洞，每当海水通过这些孔洞时，这长牙会充当雷达来测量水压、水温、盐的浓度等。

从臀部延伸出来的长沟两侧，有两个用来放置乳头的小短沟。

一角鲸的长牙直直地向前伸长，其表面刻着像钻头一样的线型沟槽。从概率上来说，每500头一角鲸就有特别稀有的1头，会拥有两根长长的门牙。

雌性

　　雌性没有标志性的长牙。实际上，它们有两个门牙，但就像人类的"智齿"一样，都还埋在牙龈里。

　　不过，每6~7头雌鲸中有1头的左门牙会长出来。这样就很难区分雌雄。不过雌性的臀部附近有放置乳头的沟槽，所以只要观察一角鲸的臀部就可以分辨。

18

冠海豹

Cystophora cristata

栖息地
北冰洋、北大西洋

体长
雄性：2.6 m
雌性：2 m

分类
哺乳纲·食肉目·海豹科

食物
鱼、磷虾

雄性

哺乳动物中拥有最奇妙打斗方式的非冠海豹莫属。雄冠海豹从 4 岁开始鼻子上的皮肤开始变得松弛，就像黑色的头巾一样。到了繁殖期它们会鼓起"头巾"准备迎战。

每当春天到来，雄性聚集在繁殖地，试图与更多雌性交配。为了能够以平和的方式一决胜负，"头巾"就派上了用场。如果仅仅靠"头巾"没办法决出高下，雄冠海豹甚至会"吹"出红色的"气球"。这个"气球"其实是冠海豹左右鼻孔间的鼻中隔膜。雄冠海豹把它从左鼻孔吹出来，鼓起后就成为一个"气球"。

不过，似乎雌性并不认为"头巾"和"气球"更大的雄性更帅。因此，雌性在看着雄性比较谁能把"头巾"鼓得更大时，可能在想："谁都可以，赶紧结束吧。"

雌性

　　冠海豹是目前已知"母乳喂养时间最短的哺乳动物"，只有4天。初春产崽后，雌冠海豹便草草结束哺乳。它们如果不进入下一次交配，就赶不上第2年的生产期。

　　但是，这样的话，雌性的妊娠时间相应地延长了，小宝宝在妈妈的肚子里褪掉松软的白色皮毛后才会诞生。不过小家伙们喝了脂肪含量很高的母乳，虽然只有4天，也会飞速成长。这时它们的体重可以增加到出生时的两倍。

19

有角囊地鼠

Ceratogaulus Rhinoceros

灭绝

栖息地
北美洲

体长
雄性：35 cm
雌性：35 cm

分类
哺乳纲·啮齿目·鼠科

食物
植物

雄性

像牛、犀牛这样有角的哺乳动物并不少，它们的体重几乎都超过了 30 kg。如果自身没有一定的重量，用角去顶对方就没有杀伤力。所以体型小的动物更应该把精力放在提升速度而不是长角上，才对自己更有利。

然而，500 万～700 万年前曾出现过有角的松鼠的同类，那就是有角囊地鼠。它们生活在森林里，在地下挖掘洞穴。它们的体重也就 2 kg 左右，但是雄性的鼻子上长了两个帅气的角。

有角囊地鼠是一夫多妻制，雄性之间的斗争更加激烈。因此，有角囊地鼠的角作为雄性之间争斗的武器，也在不断进化。不过，在地下隧道里活动时，角可能比较碍事。

雌性

　　事实上，"雌有角囊地鼠没有角"这个说法尚未得到证实。不过，人们通过查证化石，发现了"有角的和没角的雌有角囊地鼠都存在"这一事实。

　　目前还没出现只有雌性长角的哺乳动物，所以没有角的很可能是雌有角囊地鼠。角对雌性来说并不重要，角应该被用在雄性之间的争斗了。这一点，我们也可以根据化石推测出来。

奇角鹿

Synthetoceras

灭绝

栖息地
北美洲

体长
雄性：2 m
雌性：2 m

分类
哺乳纲·偶蹄目·原角鹿科

食物
树叶

雄性

奇角鹿曾生活在 1000 万年前的北美洲。它们虽然外观上与鹿和牛相似，但在分类上被认为是骆驼的近亲。它们的特点当然是神奇的角。它们头上长着两个和牛角一样的角，鼻子上耸立着一个长长的"Y"字形鹿角，这个角似乎只有雄性有。

如果角的主要用途是为了"赢得雄性之间争斗的胜利"，那么应该只有雄性有；要是为了"对抗敌人"，那么雌性也应该有。奇角鹿的角可能是雄性为了争夺雌性的芳心所特有的武器。只是它们鼻子上的角可能因为"自我感觉良好"而长得太长，以至于作为武器使用已经不太顺手。不过，也许鹿角越长，越能不费力气地俘获雌性的芳心。

每一个鹿角都像长颈鹿的角一样被皮肤包裹着。

好重嗬！

没事吧？

考古学家也曾找到过雌性的头骨，它们的头上和鼻子上都没有角。

雌性

雌性的头上没有角，也就是说，如果只是为了生存，没有角更方便。

如果长角，必须摄取足够多的钙、磷等物质。另外，顶着沉重的鹿角不仅累还会缠到树枝。尽管有角有这么多不利的地方，雄性为了在战斗中取胜以获得雌性的青睐，还是进化出了如此神奇的角。

专栏

人类:男性和女性

♂ 浓郁的头发等体毛就像狮子的鬃毛一样,可以让体型看上去更加庞大。

♀ 女性在孕育孩子时要消耗很多能量,比男性更容易产生脂肪(容易变胖)。

　　和女性相比,男性身材更高大且肌肉更发达,但并不是特别显著的区别。人类是一夫一妻制,男人之间争夺女人的竞争并不激烈,男女之间的差异也变小了。

第 **2** 章

爬行动物

几乎没有差异

很多爬行动物的雌性和雄性外表基本上没区别。不过，像变色龙那样颜色鲜艳的动物，雄性会更浮夸。特别是到了繁殖期，它们会变成美丽的"婚姻色"。

大小

几乎没有差异

爬行动物中虽然有的雄性体型更大，有的则雌性体型更大，但是总体差别不大。而且，爬行动物即使成年后，也会蜕皮并进一步成长，所以仅仅通过大小很难分辨性别。

爬行动物

雄性 和 雌性 的区别

爬行动物的身体被鳞片包裹。这类动物很难区分性别，有时候即使是自己饲养的也无法分辨。

交配

交配

爬行动物一定会交配。虽然它们大部分都是卵生，但是也有提前在肚子里把卵孵化出来，再生出新个体的"卵胎生"形式。雄性虽然长有生殖器，但是一般情况下会将其藏到肛门里，所以通常看不到。

其他

根据环境温度决定性别

不少爬行动物在还是卵的时候，会根据周围环境的温度来决定性别。比如，大多数鳄鱼的卵在低温和高温时孵化出来的是雌性，温度适宜时则孵化成雄性，在相对低温和相对高温的环境下雌性和雄性都会孵化出来。

敲小·黑板

- 仅仅通过长相来区分雌雄很困难。
- 通过个头大小很难分辨雌雄。
- 需要交配，大多数采用产卵的方式。
- 有的动物在卵未孵化的情况下根据环境温度决定自己的性别。

01

恒河鳄

Gavialis gangeticus

栖息地
南亚

体长
雄性：6 m
雌性：4.5 m

分类
爬行纲·鳄目·长吻鳄科

食物
食物、鱼

小宝贝   小宝贝

雌性的背上有时会背着很多小鳄鱼。

♀

雌性

　　虽然大多数爬行动物产卵后就弃之不管了，但是鳄鱼会养育幼崽。雌恒河鳄会在河岸边水无法漫延的沙地上打洞，并产下40余个卵。它们会一直看守在附近直到小宝宝孵化出来，然后保护它们。

　　不过，它们不会采用直接喂食的方式来养育幼崽。它们仅仅是和幼崽们一起生活，但这也让敌人的袭击变得困难，进而提高了幼崽的存活概率。

鼻子上的隆起，对于彰显雄性魅力很重要。

雄性

　　不管怎么仔细观察其他鳄鱼，也很难分辨出雌性和雄性。但是，恒河鳄却容易辨认，雄性的鼻头是隆起的。

　　这个隆起长得像印度的"壶"，恒河鳄的英文名也由此而来。雄性的鼻头之所以隆起来，也许是因为这样可以发出更响亮的叫声。

　　雄性在繁殖期会发出低沉的声音来呼唤雌性。恒河鳄通过在水中转动嘴尖来捕食，所以嘴巴非常细长。这与同样在河里捕食的淡水豚和棘龙的嘴巴细长的原因一样。和其他鳄鱼相比，恒河鳄嘴巴细长，声音震动的空间也变小了。可能正是因为这样，它们才会只有鼻头部分变大以加强声音的回响。

02

西瓜龟

Batagur borneoensis

栖息地
东南亚

龟甲长度
雄性：40 cm
雌性：60 cm

分类
爬行纲·龟鳖目·地龟科

食物
叶子、果实

雄性

一听到西瓜龟的名字，脑中就会浮现它的样子的人，应该是资深爬行动物爱好者了。但是，在超过300种的龟中，它们也有自己的特征，那就是雄性的"婚姻色"。

通常来说，"婚姻色"就是进入繁殖期后变成的颜色。平时，雄性的龟甲和头是灰褐色的，进入繁殖期后全身会变成白色，龟甲上的3根黑线会更明显，头顶会出现鲜艳的红色条纹。

土里土气的乌龟中，为什么西瓜龟进化出了亮丽的婚姻色，这一直是个谜。不过只有雄性如此引人注目，这说明雌性对这一特征进行了不断选择。雄性的体型比雌性小。它们是一夫多妻制。也许比起战场上的强势，被雌性夸赞"帅气"更重要。

雌性

  其实，雌性进入繁殖期后也会有类似的变色，但不像雄性那样鲜艳。另外，雌性也有自己的特点，那就是可以和海龟相媲美的巨大体型。

  西瓜龟在大海附近的广阔河流里生活，体型很容易变大。雌性虽然像海龟那样在海滨的沙滩上挖洞产卵，但它们并不是海龟而是地龟的亲戚。

03

科莫多巨蜥

Varanus komodoensis

栖息地
小巽他群岛

全长
雄性：3 m
雌性：2.8 m

分类
爬行纲·有鳞目·巨蜥科

食物
鹿、蜥蜴、昆虫等

雌性

　　科莫多巨蜥全长 3 m，体重可以超过 60 kg，是世界上最大的蜥蜴。它们的祖先在澳大利亚虽然进化出了庞大的体型，但它们现在生活在没有大型食肉动物的一些小岛上。

　　雌性有特殊能力，那就是不需要交配就可以自己繁殖后代的"单性繁殖"能力。不过，科莫多巨蜥的基本繁殖方式还是交配，单性繁殖只是一种例外。

　　雌性只有在身边长期没有雄性时才可能通过单性繁殖产卵。首次被确认具有这一繁殖能力的是一头在动物园长大的名为"弗洛拉"的从未接触过异性的雌科莫多巨蜥。靠着这个能力，科莫多巨蜥不管流落到哪个荒岛上，仅靠一头雌性就可以在那里产卵并繁衍后代。

雄性

　　雄性和雌性虽然外观几乎一致，但是雄性体型偏大。不过，爬行动物会终生生长，仅仅根据体型大小无法区分雌雄。

　　如果看到两头科莫多巨蜥扭打在一起，那一定是雄性。繁殖期的雄性会通过"战斗舞蹈"的方式一决胜负。它们依靠后足直立起来，用前足摔打对方，还会进行撕咬攻击，所以打得浑身是血也不足为奇。

双嵴冠蜥

Basiliscus plumifrons

栖息地
美国中部

全长
雄性:70 cm
雌性:70 cm

分类
爬行纲·有鳞目·冠蜥科

食物
昆虫、蜥蜴、果实

♀ 后脑勺处有小型脊突。

快跑!

吧嗒! 吧嗒! 吧嗒!

雌性

与双嵴冠蜥同一科的绿鬣蜥虽然也长着像刺一样的背鳍,但是雌雄之间背鳍的长度没有差别。雌双嵴冠蜥几乎没有背鳍,仅仅后脑勺处有少部分突起。因此,背鳍被认为在生活中没作用。

爬行动物中有很多雌雄之间差别很小的种类,像双嵴冠蜥这样有如此大差别的原因至今是个谜。

小时候没有背鳍，长到1岁左右才能看出来。

雄性

　　双嵴冠蜥因凭借双足能在水上"飞"的绝技而声名远扬。它们张开后足长长的脚趾，通过每秒20次的超高速步伐让自己在水面上奔跑起来。

　　它们生活在水边的树木上，当敌人靠近时就会逃向水面。但是，在水面上奔跑一定距离后逐渐下沉，而到了水中它们又会拿出引以为傲的泳技。

　　雄性的头、后背、尾巴上分别长着像鱼鳍一样的头冠和背鳍、尾鳍，可以想象游泳时它们的身体左右弯曲，背鳍也在发挥着作用。但是，背鳍的主要作用还是使体型看上去更大吧。雄性划出自己的领地，当有其他雄性入侵自己领地时会张开背鳍威吓对方。另外，在召唤雌性进入自己的领地时，背鳍也很重要。雄性求爱时会一边微微颤动脑袋，一边卖弄自己华丽的背鳍。

05

飞蜥

Draco sp.

栖息地
东南亚、南亚

全长
雄性：20 cm
雌性：20 cm

分类
爬行纲·有鳞目·鬣蜥科

食物
蚂蚁、白蚁

雄性

　　飞蜥可以张开翅膀在树木间滑行。它们是像白颊鼯鼠一样的爬行动物。它们长长的肋骨之间覆盖着翼膜，在空中滑行时翼膜会像扇子一样打开。飞蜥的头部两侧也有辅助翼膜，这使得它们即使身材小巧，也能实现近8 m的"大型空中滑行"。

　　成年雄性会将聚集较多蚂蚁的2~3棵树划定为自己的势力范围，数只雌飞蜥会在这个范围内活动，其他雄性则无法靠近。雄性为了宣誓主权，会一边不断展示喉囊（垂皮）上的亮丽皮肤，一边在自己的势力范围内四处巡逻。

　　另外，喉囊在求爱中也经常被利用。特别是雄性开启认真模式时，不仅会展示喉囊，还会拼尽全力张开翼膜，向雌性彰显自己的特点。

雌性

雌蜥的喉囊没有发育，所以无法张开。但是，它们有翼膜。雌性和雄性都是通过滑行的方式在树木间移动，它们几乎很少降落到地面上。

不过，雌蜥在产卵时会下落到树的根部，然后将卵产在用鼻尖挖出来的洞里。它们仅在地上停留 24 小时守护卵宝宝，随后扬长而去。为什么只照看自己的卵一天？这依然是个谜。也许它们只是为了确认自己的产卵地是否被捕食者发现了吧。

06

彩虹飞蜥

Agama agama

栖息地
非洲

体长
雄性：30 cm
雌性：25 cm

分类
爬行纲·蜥蜴目·鬣蜥科

食物
昆虫、蜘蛛

雄性

　　彩虹飞蜥拥有红色的头和瓷蓝色的身体，看上去相当华丽。也许有人会问："说好的彩虹色呢，怎么只有两种颜色？"它们可不是浪得虚名。彩虹飞蜥可以随心所欲地变换身体的颜色，头的周围呈黄色或橘色，脚、尾巴等处还能变幻出绿色、淡蓝色等。

　　雄性变出亮丽的颜色当然是为了引人注目。它们利用自己的颜色主张领地，驱逐入侵的雄性，呼唤雌性。为了彰显自己的存在，仅靠华丽的外表是不够的。它们还会使劲晃动自己的头，像做俯卧撑一样，拼尽全力让自己看上去更突出。

　　不过，哪怕是进入繁殖期，到了晚上睡觉时，彩虹飞蜥也会变回不起眼的样子。在非繁殖期，耀眼是一件"百害无一利"的事情，这时雄性的外表变得和雌性一样土里土气。

雌性

　　一般情况下雌性有着可以和岩石表面融为一体的保护色。不过，虽然不像雄性那么显眼，雌性也会根据气温或心情来改变自己的颜色。实际上，彩虹飞蜥和变色龙是近亲关系，它们能变换体色并不稀奇。

　　另外，地域不同，彩虹飞蜥的颜色也有不同。也就是说，如果周围环境变了，它们那亮丽或暗淡的颜色也会随之变化。

07

眼镜王蛇

Ophiophagus hannah

栖息地
南亚、东南亚

全长
雄性：4 m
雌性：3 m

分类
爬行纲·有鳞目·眼镜蛇科

食物
蛇、蜥蜴

雌性

眼镜王蛇是世界上体型最大的毒蛇。它们的毒性比不上拥有剧毒的同类，但是它们体型庞大，所以体内含有大量毒液。不过，称它们为"王"是因为它们的主食是其他蛇类，和毒性没有关系。

和它们令人恐惧的形象相反，雌蛇会非常认真地保护自己的卵，其他大部分蛇类都是产卵后就弃之不管。眼镜王蛇把枯叶堆到一起搭建产卵用的巢，产卵后盘踞在卵上守护，直到蛇宝宝孵化出来。

不过，蛇宝宝孵化出来后，蛇妈妈会立刻跑得不知所踪。这样做可能是为了留下更多后代吧。因为眼镜王蛇的主食是蛇，蛇妈妈不赶快走开的话可能会吃掉自己的宝宝。

雄性

  雄性的尾部藏着生殖器，所以肛门后面的部分更大。但是，如果不将雄性和雌性进行对比就无法知道。

  雄性的身体颜色很浅，特别到了繁殖期，和黝黑的雌性相比颜色差异更明显。另外，虽然通常雄性的体型更大，但蛇类终其一生会不断成长，年长的雌性比雄性个头大也并不罕见。

08

副栉龙

Parasaurolophus

栖息地
北美洲

全长
雄性：10 m
雌性：10 m

分类
爬行纲·鸟臀目·鸭嘴龙科

食物
植物

雄性

副栉龙是以长长的头冠为特点的植食性恐龙。它们的头冠是头骨伸长而形成的，内部有一根长管。这根长管和鼻子相通，据说长管内部分布着可以闻到气味的细胞，这使得它们的嗅觉像大象一样灵敏。

不过，雄性的头冠似乎更长一些。声音可以在长管内部回响从而使得雄性发出的声音巨大，这可能是头冠最大的作用。副栉龙不是群居而是独自生活。即使还远远没到繁殖期，它们也可以通过发声来展示自己进而向异性求爱。

另外，头冠越长，发出的声音越低沉；头冠越短，声音则越高亢。因此，也许雄性的声音越低沉，越受雌性欢迎。

注：蛇发女怪龙（*Gorgosaurus*），又名戈尔冈龙，属于暴龙超科的阿尔伯塔龙亚科，名字来源于希腊神话中的蛇发女怪戈尔冈，意为"可怕的""吓人的"。

雌性

　　雌性虽然也有头冠，但相对较短，头部也有弯曲。不过这尚未得到考证。动物中的大多数都是雄性比较扎眼，所以科学家们推测拥有长头冠的是雄性。

　　另外，头冠也许是不同种类的区分方式。分别长着长头冠和短头冠的副栉龙可能是不同副栉龙属的不同种类。

09

夜翼龙

Nyctosaurus

栖息地
北美洲

翅膀间长度
雄性：3 m
雌性：3 m

分类
爬行纲·翼龙目·夜翼龙科

食物
鱼

雄性

　　夜翼龙是和恐龙生活在同一时代的会飞的爬行动物。夜翼龙前爪的第4指特别长，第4指的指尖和后足之间有皮膜相连，这形成飞行的翅膀。初期翼龙的尾巴很长、头很小，随着时间推移，它们长成短尾大头的样子。雄性和雌性的区别也变得明显。

　　头变大后的夜翼龙，头冠也长了出来。它们的头骨像天线一样向后方延伸，长到和身体一样长。

　　它们的头冠像海豚的背鳍，在快速飞行时，头冠可以防止身体左右摇晃。但是，在天空中飞行的翼龙，身体必须保持轻盈，所以不能否认它们可能有些发育过剩。

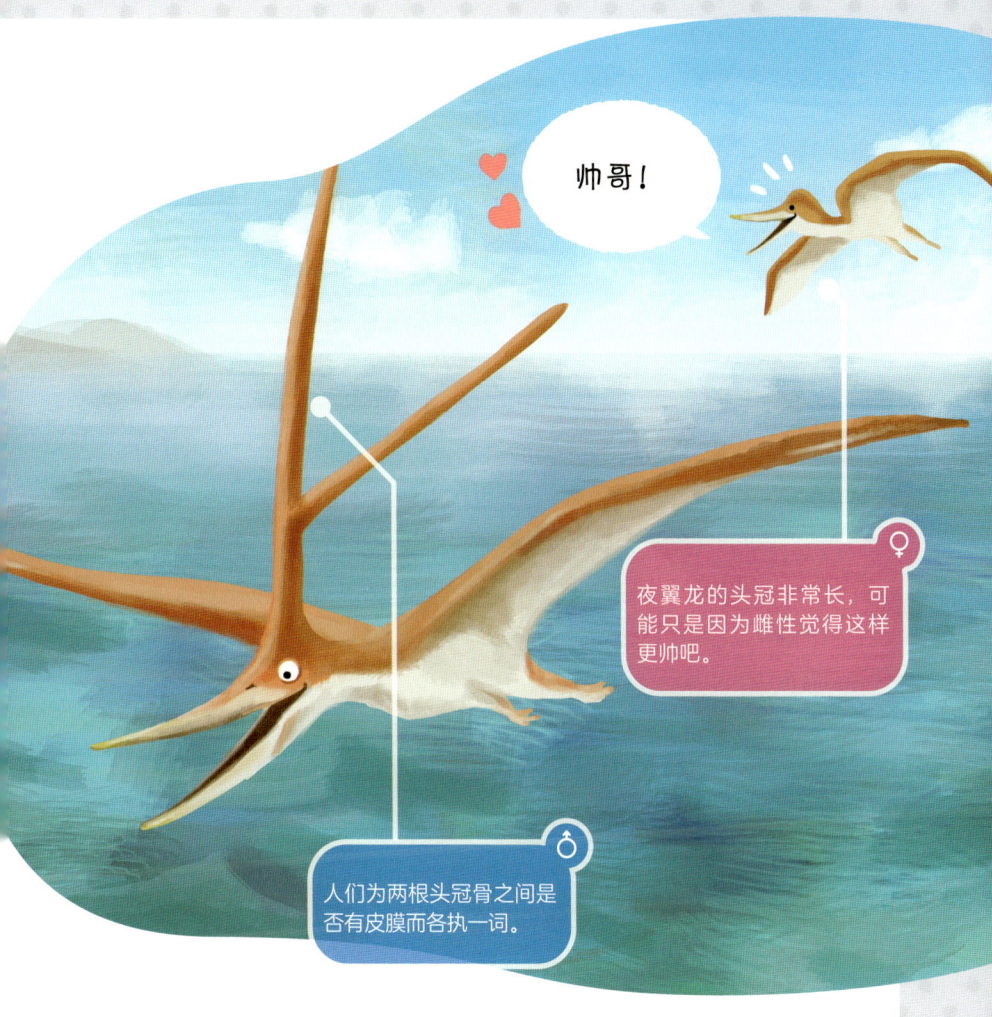

雌性

　　雌夜翼龙没有头冠。这是由"腹中有蛋的翼龙的化石中没有发现头冠"证实的。头冠的主要作用应该是用于雄性之间比美，以及作为与其他种类区分开来的标志吧。

　　雌夜翼龙和幼崽都没有头冠。果然头冠大概率对"飞一会儿吃一会儿"的生活没有用。

专栏

植物也有性别之分？

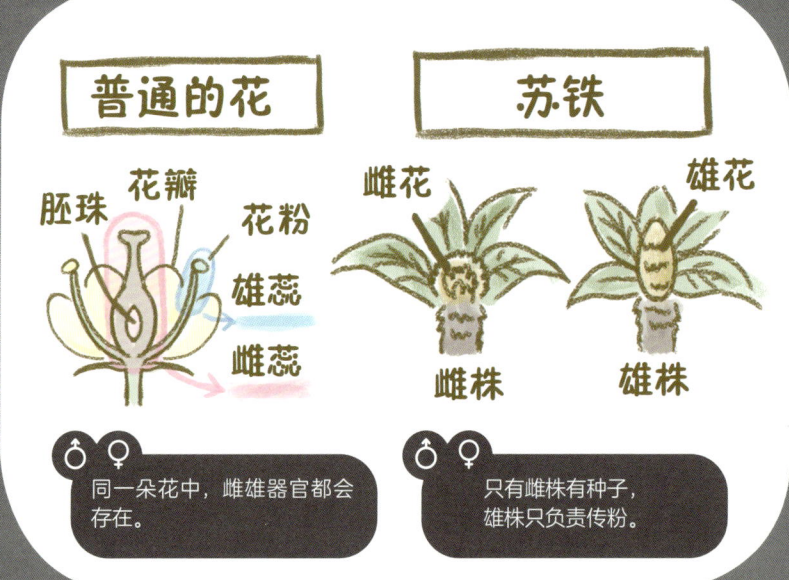

普通的花

胚珠　花瓣　花粉　雄蕊　雌蕊

同一朵花中，雌雄器官都会存在。

苏铁

雌花　雄花　雌株　雄株

只有雌株有种子，雄株只负责传粉。

　　"种子植物"通常是指开花植物。大多数花既有雌蕊又有雄蕊，雄蕊的花粉传到雌蕊的胚珠上进而完成受精，种子逐渐形成。也就是说，它们没有雌雄之分。

　　不过，有很少一部分植物有雌雄的区分。雄株上只有传播花粉的雄花，雌株上只有长出胚珠的雌花。雌株和雄株分开的好处是可以避免接受自己的花粉（自花授粉）。很多种子植物已经进化出了避免自花授粉的能力。而区分雌株和雄株在苏铁和银杏这样原始的植物中并不罕见。

第 **3** 章

乌类

**相当
不一样**

很多种类中雌性和雄性的羽毛颜色都不同。基本上，如果你断定羽毛颜色和装饰更亮丽的是雄性，一般不会出错。这其中，只有繁殖期重新长出来的羽毛会有很大的区别。

\ 大小 /

**雄性个头
比较大**

虽然在大小上没有很大差别，大多数雄性个头相对大一些。不过，像鹭、鹰、隼、猫头鹰等食肉猛禽，雌性的个头会更大一些。

鸟类

雄性 和 雌性 的区别 ▷

鸟类全身长满羽毛。它们的羽毛颜色和叫声很有特点，可以说是相对容易区分雌性和雄性的一类动物。

交配

交配

鸟类都会交配。几乎都通过筑巢产卵并将其孵化。它们不会像哺乳动物那样分泌母乳，但是鸟妈妈会给刚出生的雏鸟喂食。

其他

啼鸣

大多数小鸟进入繁殖期后都会发出特别的叫声，也就是"鸣啭"。这主要是雄性求爱的鸣叫，这种奏鸣曲有的复杂到如果不多加练习就无法熟练地"鸣啭"出来。

啾啾啾！
啾啾啾！
啾啾啾！

敲小·黑板

- 大部分羽毛颜色不同。
- 大多数雄性个头偏大。
- 在巢穴中孵化鸟蛋，通过投喂的方式养育雏鸟。
- 雄性会用复杂的声音唱歌。

01

小军舰鸟

Fregata minor

栖息地
从热带到亚热带的海域

全长
雄性:95 cm
雌性:100 cm

分类
鸟纲·军舰目·军舰鸟科

食物
飞鱼、乌贼等

雄性

小军舰鸟几乎不会振动自己细长的翅膀飞行。作为海鸟,它们居然非常不擅长游泳。它们在海面上滑行,四处寻找鱼虾。它们会在尽量不触碰水面的前提下,将身体贴近水面捕鱼。另外,小军舰鸟的掠夺行为相当有名。它们如果发现善于游泳的鸟儿捕到了鱼,就会在空中盘旋追赶,强迫它们把鱼吐出来。

让小军舰鸟变得特别的不仅仅是捕食特性。为了向雌性求爱,雄性会把自己红色的喉袋吹得像气球一样鼓。

雄性进入繁殖期后会聚集在海边草木繁茂的地方。它们张开翅膀,左右摇晃红色的喉袋,拼尽全力地向从空中飞过的雌性展示自己。如果被雌性选中,雄性就会从树冠上下来和它结为连理。也就是说,雄性可以不通过武力就获得雌性的芳心。与它们的掠夺性相反,小军舰鸟的求爱方式没有一点攻击性。

雌性

　　雌性的喉咙虽然不是红色的，但也有喉袋。喉袋在给雏鸟喂鱼或在嘴里把鱼调整成容易吞咽的状态时很有用。

　　和军舰鸟有近缘关系的海鸟如鸬鹚、鹈鹕等都长了喉袋，不过它们本来喉袋就很大。但是，雄性的喉袋升级到如此夸张的地步，可能还是因为，雌性觉得拥有大喉袋的雄性"超帅"。

02

蓝孔雀

Pavo cristatus

栖息地
南亚

全长
雄性：110 cm
雌性：90 cm

分类
鸟纲·鸡形目·雉科

食物
果实、昆虫、蜥蜴

雄 性

在鸟类中，大多数雄性披着亮丽的羽毛，但是都不像蓝孔雀这样爱美。它们的羽毛像眼睛一样，1根的长度可达1.6 m。蓝孔雀是世界上羽毛最长的鸟之一。

它们的羽毛在生活中几乎没用，却是求偶的必备。为了迎接繁殖期，它们每年会花费近3个月的时间长羽毛。

但是，它们的羽毛可不是长得长就够了。这些羽毛不仅要有眼睛模样的花纹，张开的时候还要看上去左右对称，这些都是获得雌性芳心的加分项。

雄蓝孔雀能够进化出如此长的羽毛，是因为它们几乎不飞行。另外，由于长长的羽毛是个累赘，当繁殖期结束后，它们会马上褪去羽毛。

将！

羽毛审查通过！

♂
这些长长的羽毛是尾羽上的覆羽。覆羽有150根以上，每1根上只有1个眼睛模样的花纹。

♀
雌性的覆羽并不长。对于需要独自养育幼崽的雌性来说，它们哪有浮夸地装饰自己的闲工夫呢。

雌 性

　　虽然雌性对雄性进行单方面的选择，但是雄性羽毛的美丽程度仅仅能够帮助它们通过一次"审查"。在第2次"审查"中，能否高声鸣叫成为新标准。

　　如果羽毛太艳丽，就容易吸引捕食者，从而变得难以生存，所以雄性的羽毛不能过于美丽。可能正是因为这样，雌性才会设立新的"审查"标准，对雄性提出新要求。

苏拉皱盔犀鸟

Aceros cassidix

栖息地
苏拉威西岛

全长
雄性：1 m
雌性：88 cm

分类
鸟纲·犀鸟目·犀鸟科

食物
果实、昆虫

雌性

　　苏拉皱盔犀鸟长着巨大的嘴，其外形像犀牛角，嘴的上基部有拳头形状的盔突，它们的名字因此而来。

　　雌犀鸟在树洞中下蛋，钻进去后用自己的粪便或木屑封住入口。这是一种防止捕食者偷袭鸟蛋或雏鸟的方式。苏拉皱盔犀鸟是一种个头大、叫声大、飞行声音也大的很显眼的鸟，如果巢穴的入口不掩护严密，则很容易被猎食者盯上。

　　雌犀鸟在树洞里产蛋并孵蛋，就算雏鸟破壳而出，它们也不会马上出来。因为它们在洞中时把自己的羽毛都拔下来了，所以要等新的羽毛长出才出来。可能它们在黑暗的树洞中无事可做，想通过这种方式充分利用等待的时间吧。但要是因此而无法从树洞中出来，那实在是本末倒置。

从今天开始我就待在里面不出来了。拜托你啦。

繁殖期前的年轻雌性和雄性一样一点点褪换自己的羽毛。

从今天开始就要天天干活了吗……

咔嚓!

它们是犀鸟中颜色最艳丽的一种。雄性嘴上的盔突是红色的，雌性则是黄色的。

雄性

　　在雌性闭门不出的这段时间里，输送食物成了雄性的重要工作。雌性在封闭巢穴入口的时候留下一条细长的缝隙，以方便雄性把食物送进去。

　　雄性一开始只要送雌性的食物，当雏鸟孵化出来后，也必须运送小家伙们的食物。这对于雄性来说是相当繁重的工作。食物运送的工作会持续数月，如果雄性在这期间不幸身亡，雌性和雏鸟可能会饿死。

04

鸳鸯

Aix galericulata

栖息地
东亚

全长
雄性：46 cm
雌性：40 cm

分类
鸟纲·雁形目·鸭科

食物
橡子、水草、昆虫

雄性

　　鸭科动物中雄性通常拥有更亮丽的颜色，鸳鸯应该是其中最美的吧。

　　进入繁殖期的雄性会缠着雌性，它们张开头上的羽冠和翅膀上的帆状羽来摆造型。看到这些的雌性如果很满意，就会和它结为伴侣，所以雄性拼了小命也要让自己变美。

　　不过，雄性只会在冬天向雌性求偶的时候精心打扮。当雌性产卵的春天结束，雄性就会换上颜色灰暗的羽毛，变得黯然失色。

　　这是因为，如果得意忘形，总是披着亮丽的羽毛招摇过市，很容易被捕食者盯上从而失去性命。因此，鸳鸯只会在向雌性求爱的冬天换上漂亮的羽毛，到了夏天就会乖乖地换上暗淡的羽毛。

雌性

美满的夫妻常被称为"鸳鸯伴侣"。在冬天，出双入对的鸳鸯看上去很恩爱。其实这种恩爱也只维持到产卵时。雌性和其他鸭子一样，独自孵化和养育幼崽。

在雌性筑巢期间，雄性会划定领域守护它。但产卵结束后，雄性就会因为"任务完成"而立刻消失得无影无踪。等到第2年冬天，这两位又会分别开始寻找新的伴侣，再一起相守到春天。

05

彩鹬

Rostratula benghalensis

栖息地
亚洲、非洲

全长
雄性：24 cm
雌性：26 cm

分类
鸟纲·鸻形目·彩鹬科

食物
蚯蚓、昆虫、种子

雌性

动物世界中有很多一夫多妻制的物种，一妻多夫并不常见。在繁殖期，雌性可以生产的数量有限，所以和很多雄性交配似乎也没有意义。

不过，彩鹬是鸟类中极其稀少的一妻多夫制的物种。也因如此，雌性的体型比雄性大，羽毛的颜色也很艳丽。雌性会婉转地啼鸣，张开翅膀向雄性求爱。

和其他动物相比，彩鹬发生这种角色大逆转的原因是它们在水边筑巢的习性。如果雌性把产卵和养育雏鸟的任务都承担了，一旦发生洪水，鸟巢被淹，它们一整年的繁殖都宣告失败。但是，聪明的彩鹬把养育雏鸟的重任交给了雄性，雌性则可以实现全年多次产卵，这样就达到了分散风险的目的。

雄性

　　彩鹬夫妇相依相伴的时光仅 1 个星期左右。在雄性筑起的巢穴中，雌性会以每天 1 个的速度产卵，当累计产卵达到 4 个时，雌性就挥手说再见了。

　　孤零零的雄性大约会花 20 天时间抱卵，一个半月后开始养育雏鸟的工作。这时候最容易遭受天空中像老鹰这种猛禽的袭击，因此雄性会把自己的羽毛变成和水边的枯草一样的颜色。

06

萨克森极乐鸟

Pteridophora alberti

栖息地
新几内亚岛

全长
雄性：22 cm
雌性：20 cm

分类
鸟纲·雀形目·极乐鸟科

食物
果实、昆虫

雄性

新几内亚岛和澳大利亚的森林里栖息着一种极乐鸟，它们"美得惊人"。雄性进化出了各种各样独特的装饰性羽毛，学会了多种用来求爱的舞蹈，它们具备了吸引雌性的所有技能。

其中最值得一提的是萨克森极乐鸟。它们的左右眼后方分别长着长达50 cm的饰羽，宛若鲤鱼旗最上面飘扬的风幡，而这仅仅是1根羽毛变化而来的。这根羽毛上有40根淡蓝色的飘穗连在一起，萨克森极乐鸟通过带动面部肌肉便可自如地控制它们。

进入繁殖期后，雄鸟们会聚集到叫"求偶场"的集体相亲点，一边发出好听的叫声一边呼唤雌鸟。当雌鸟飞到自己面前，它们会一边振动身体，一边上下摆弄美丽的饰羽，又唱又跳地展开爱的竞争。

啾！啾！啾！
啾！

声音可以！跳得也不错！通过！

风幡

雌性虽然对美有执着的追求，但这并不意味着自己也要变美。

即使在美丽的极乐鸟种群中，把所有的美倾注在一对翅膀上，也是很罕见的。

雌性

别看雌鸟既没有饰羽，羽毛颜色又灰暗，它们对美的品味可是一流。循着雄鸟的叫声来到求偶场的雌鸟，会非常认真地观察雄鸟的歌舞，但凡有一点不满意，就会一句话不说地飞走。

它们的态度就像一些美术评论家，不过这也没办法。雄性在养育雏鸟的事情上根本帮不上任何忙，所以对雌性来说，雄性的价值除了"好看"恐怕没别的了。

07

日本松雀鹰

Accipiter gularis

栖息地
亚洲

全长
雄性:27 cm
雌性:30 cm

分类
鸟纲·隼形目·鹰科

食物
小鸟

雌性

日本松雀鹰被认为是日本最小的猛禽。即使是体型较大的雌性，也只有公园里的鸽子那么大。

猛禽是拥有尖锐的爪子和喙的肉食性鸟类的总称，包含了如鹫、猫头鹰、隼等有不同祖先的鸟类。虽然大多数鸟类都是雄性个头比较大，但在猛禽中，雌性的体型较大，更能捕获较大的猎物。

雌日本松雀鹰以力量取胜，它们主要捕食灰椋鸟。而雄性则发挥速度优势，以麻雀为目标，双方分工明确，互不干涉。另外，雌性独自养育雏鸟，所以拥有较大的体型更有利，而雄性在一天当中要多次将捕获的小鸟运送到雏鸟的嘴边，这样的话，较小的体型更有优势。

雄 性

　　雄性不仅比雌性个头小，胸前还有红色的羽毛，很容易辨认。雄性即便身材娇小，还是比雌性更亮丽。

　　雌性和雄性还有一个区别是虹膜（眼球壁中间扁平的环形膜）的颜色。雄性的偏红色，雌性的偏黄色。通过观察虹膜的颜色就可以区分性别真是令人感到惊奇。另外，雏鸟的虹膜偏黑色。

08

远东山雀

Parus minor

栖息地
东亚

全长
雄性：15 cm
雌性：15 cm

分类
鸟纲·雀形目·山雀科

食物
昆虫、种子

雄性

雄性在繁殖期会发出"刺——哔、刺——哔"的嘹亮叫声。这种叫声被称为"鸣啭"，是雄性向雌性求爱或宣誓主权时使用的一种鸣叫声。

雄性如果用艳丽的羽毛来彰显自己，就很容易被鹰等捕食者发现。但是，如果将展示羽毛换成鸣叫，好处就太多了。这样它们不仅可以在隐藏自己的同时彰显自己，还能在停止鸣叫后不引起捕食者注意。

远东山雀属于雀形目小鸟，拥有名为"鸣管"的发达的发声器官，可以发出复杂的声音。可能正是因为这样，雄性才会以歌声的动听程度作为竞争的评价标准。顺便说一句，雀形目是鸟类中最大的一个目，包含了像黄莺、云雀等叫声动听的小鸟，雌性和雄性之间也几乎没有差别。

雌性

　　雌性不会鸣啭，而是发出轻微的类似"啾啾啾啾啾"的简单的鸣叫声。这是在和附近的同伴交流的语言，雄性也会发出这种声音，即使在非繁殖期也可以听到。

　　说到长相特征，远东山雀的胸前有黑色线条，好像领带。雄性的身体线条很粗，雌性的身体线条很细。它们之间只有微小差别，不容易分辨。

09

华丽琴鸟

Menura novaehollandiae

栖息地
澳大利亚东南部

全长
雄性：98 cm
雌性：84 cm

分类
鸟纲·雀形目·琴鸟科

食物
昆虫、麻雀

雄性

华丽琴鸟喜欢在森林里踱步，它们几乎不飞行。雄鸟有长长的尾羽。它们很像鸡形目的孔雀，却是雀形目里最大的品种。

华丽琴鸟拥有雀形目特有的发达的"鸣管"，可以发出多种叫声。雄鸟还会收集落叶建造"舞台"，然后站在上面张开尾羽模仿其他鸟儿的叫声。

虽然年轻时还只能进行笨拙的模仿，但随着反复多次的练习也就熟能生巧了。模仿能力的高低决定琴鸟的地位，拥有高超模仿技艺的雄鸟可以占有更广阔的领地，而技艺拙劣的雄鸟则必须向优秀的同伴学习。

对雄鸟来说，拥有广阔领地，意味着可以和更多的雌鸟交配。不过，雌鸟似乎对它们的模仿技能不感兴趣。

这是什么声音……有点吓人啊，还是不过去了！

它们竖起的尾羽就像竖琴一样，琴鸟的名字由此而来。

哆嘟噜噜噜！
咔唧！咔唧！
哔啵——哔啵——

有老爸在旁边忙活可真安心。

雌鸟会在几个不同的"舞台"周围审视，找到一个看上去不错的地盘并和它的主人结为连理。

雌性

交配后的雌鸟会在雄鸟的势力范围内筑巢。它们用小树枝编出一个像圆屋顶状的巢穴，并只在其中产一个卵。相反，雄鸟只知道站在"舞台"上唱歌，孵卵和养育雏鸟跟它们没有一点关系。

不过，如果雄鸟在自己妻儿附近唱歌，会吸引捕食者的目光，这会大大降低妻儿被捕食者盯上的可能性。另外，琴鸟所模仿的鸟儿听到它们的歌声后会误以为同伴在宣誓领地的主权而不敢靠近。从这个角度来说，雄鸟在育儿方面还是有贡献的。

第3章 鸟类

10 黄嘴垂耳鸦

Heteralocha acutirostris

灭绝

栖息地
新西兰

全长
雄性：50 cm
雌性：50 cm

分类
鸟纲·雀形目·垂耳鸦科

食物
昆虫

雌性

黄嘴垂耳鸦的脸颊两侧长着两块橘色的肉垂，它们的名字由此而来。家鸡和鹤鸵也有这样的肉垂，不过雄性的更艳丽，而黄嘴垂耳鸦雌雄性的都一样。不仅如此，它们的罕见之处更在于，雌性的喙更加修长且艳丽。

据说雌性可以将长长的喙伸进树木的缝隙中叼出幼虫，而雄性则使用它们的短喙揭开树皮，刨出幼虫。也就是说，由于进食方式不同，即使在同一个区域生存，雌雄之间也不会为了食物而产生纷争。

但这个推测无从考证——它们在100多年前就已经灭绝了。

雄性

　　没有鸟儿像黄嘴垂耳鸦这样，雌雄之间喙的形状如此不同。喙是每天进食的必备工具，它不像羽毛的颜色那样，可以根据雌性的喜好轻而易举地改变。

　　为什么只有雄性的喙很短，至今仍是个谜题。但是可以想象，拥有短喙的雄性可以收集大量小虫子喂雏鸟，提高它们的存活率。

专栏

动物世界里只有雄性会叫吗?

妹妹你坐船头哦,
哥哥我岸上走 ～

雌鸟也会鸣叫,但是大多数会鸣啭的只有雄鸟。

　　进入繁殖期后,雄鸟开始鸣啭。这是一种通过鸣管的震动膜而发出的复杂鸣叫声。它在雄鸟向雌鸟求爱或威吓其他雄鸟时非常有用。

　　另外,青蛙也是只有雄性会叫。只有雄蛙长着鸣囊,雌蛙连喉咙都无法鼓动起来。

　　在昆虫界,多数雌性通过气味等呼唤雄性。像蚱蜢、螽斯、蟋蟀和蝉,则是雄性通过叫声呼唤雌性,但是它们发声的类型不同。蚱蜢的翅羽有轻微的凹凸不平,它们通过轻轻摩擦两个翅羽从而发出声音。蝉则会振动肌肉,通过体内的"共振室"来发声。

　　这些动物的发声行为,是依赖发声器官实现的。

第 **4** 章

节肢动物

很多都不一样

像昆虫这样体型小又寿命短的生物，产卵后立即死掉的不在少数。这类生物，雌雄之间的区别很明显，有的则长得完全不同。

大小

雌性个头更大

昆虫的个头很小，而雌性又需要向卵内输送很多的营养，所以雌性个头更容易变大。反之，像独角仙等一部分昆虫和螃蟹那样雄性之间会发生斗争的，则是雄性个头更大。

节肢动物

雄性 和 雌性 的区别

节肢动物

节肢动物所包含的种类非常广泛，有六足类（昆虫、镰足虫等）、鳌肢类（蜘蛛、蝎子等）、多足类（蜈蚣、千足虫等），还有甲壳类（螃蟹、鼠妇等）。

交配

交配

不论生活在陆地上还是海洋里，几乎所有的节肢动物都需要交配。它们一般都分雌雄，不过也有像藤壶那样雌雄同体的。另外还有雌性独自孕育后代的单性生殖的节肢动物。

其他

通过蜕皮成长

节肢动物的身体表面坚硬，如果它们想长大就要蜕去旧的外壳，新的柔软的皮肤才会鼓起并逐渐变硬。这样的成长机制有助于促进身体的发育。当然也有不少长大后才开始变态的物种。

敲小·黑板

- 很多节肢动物从长相上看有明显的不同。
- 雌性更容易长成大个头。
- 有的不需要交配就能够产卵。
- 有很多通过蜕皮达到成长、变态的物种。

 第 4 章 节肢动物

01

赤背蜘蛛

Latrodectus hasselti

栖息地
澳大利亚

体长
雄性：4 mm
雌性：10 mm

分类
蜘蛛纲·蜘蛛目·姬蛛科

食物
昆虫

雌性

雌性背上的红色花纹是一种警戒色，意味着"我有毒哦"。它们的毒液主要用来制服猎物，毒性强到甚至可以杀死比自己个头大的蜥蜴。

雌性的体型较大，鼓起来的肚子里塞满了密密麻麻的卵。体型较小的雄性拥有很强的移动能力，可以去很远的地方寻找异性。雌性和雄性的体型相差超过2倍，所以雌性在力量上占绝对优势。

赤背蜘蛛也被称为"赤背寡妇蛛"，所谓"寡妇"是指失去伴侣的雌性。交配后，多数情况下雌性会吃掉雄性，它们因此被冠上这一称号。你可能会觉得，明明是雌性主动吃掉伴侣的还被称为"寡妇"，是不是有问题啊。不过这是人类按照自己的喜好给它们取的名字，不要怪它们。

雄性在交配结束后如果不立即逃跑，就会成为雌性的腹中餐。

由于出现过杀死人类的事件，它们也被称为"杀人蛛"，只不过致人死亡的例子极少。

拜拜！

等一会儿再走嘛！

雌性的肚子和后背两侧都有沙漏模样的红色花纹。

雄性

　　雄性的体型非常小，小到不到雌性的一半。它们的后背没有红色花纹，茶色的后背上长着白色斑点，和小时候一样。雄性的毒性非常弱，所以太显眼的花纹对它们来说也没有意义吧。

　　不过，如果把雄性肚皮朝上翻过来，会看到和雌性一样宛如沙漏的红色花纹。这可能是它们具有微弱毒性的证明。雄性的毒牙很小，若用毒液来进行防御似乎起不了作用。

02

大袋蛾

Eumeta variegata

栖息地
亚洲

体长
雄性：18 mm
雌性：30 mm

分类
昆虫纲·鳞翅目·蓑蛾科

食物
幼虫吃树叶
成虫什么都不吃

雌性

　　大袋蛾的幼虫用嘴吐出丝，将树皮、枯树叶等粘起来制作袋囊，然后进入袋囊中把身体包裹起来，仅仅露出头来吃树叶。袋囊用来保护幼虫，像城门一样重要。

　　不过雌性即使变为成虫后也不会从袋囊里出来。雌性没有脚和翅膀，所以没法移动。它们会从袋囊中探出头，释放出呼唤雄性的"费洛蒙"（性激素）。这样，嗅到气味的雄性就会飞到它的身旁，与裹在袋囊中的雌性交配。

　　交配后的雌性会在袋囊中产下2000个左右的卵，然后挣脱袋囊，掉在地上死去。雌性放弃了活动的自由，换来了发育出的巨大卵巢，因此才可以产那么多卵。

在妈妈的袋囊里孵化出来的幼虫，会通过垂下的丝来脱离袋囊。

费洛蒙

雄性的触角上有像梳齿一样细的突起。这些突起会增大触角的表面积，使雄性更容易捕捉到雌性的气味。

叭嗒！

叭嗒！

雄性

　　雄性的幼虫也生活在袋囊中，成虫是很不起眼的蛾。初夏，从蛹变为成虫的雄性会从袋囊中飞出来，然后，它们用像两根牙签一样的触角来捕捉空气中飘荡的费洛蒙，寻找另一半。

　　雄性的口器退化了，它们在成虫时期什么都不吃。它们会朝向袋囊里的雌性，使出浑身力气把腹部伸长以完成交配，剩下的任务就只有死亡了。

03

大场雌光萤

Rhagophthalmus ohbai

栖息地
日本西表岛、石垣岛

体长
雄性：10 mm
雌性：15 mm

分类
昆虫纲·鞘翅目·雌光萤科

食物
幼虫以马陆为食
成虫不进食

雌性

　　说到萤火虫，成虫在水边飞舞、幼虫在水中生活的源氏萤和平家萤都十分有名。但是，幼虫在水中生活的萤火虫，是世界上屈指可数的"异类"。

　　生活在日本冲绳的大场雌光萤属于幼虫在陆地上生活的普通萤火虫。它们常在潮湿的树林中兜兜转转，主要以马陆为食。不过，雌性即使成熟后也不会长出翅膀，直到死亡它们的长相也和幼虫没有两样，是"异类"。

　　雌性成虫在黄昏时分把闪闪发光的尾部高高翘起，并散发出费洛蒙。雄性通过气味和光亮找到雌性然后飞过来。完成交配的雌性会钻到土壤里产下大粒的卵并将其在怀中孵化。它们做出这一行为也算是昆虫界的"异类"了。

雄性长着大大的眼睛，可能是为了不错过雌性的爱之光吧！

我在这里哟！

雌性呼唤雄性时尾部会发光，抱卵时，身体侧面也会发出微弱的亮光。

雄性

　　有人说，萤火虫的雄性和雌性通过忽闪忽闪的亮光来交流，不过这只限于部分物种。雄大场雌光萤基本上不太会发光。它们只是在找到发光的雌性后，飞过去与其交配而已。

　　不过，雄性在幼虫期也能发出微弱的光。发光时萤火虫的身体会散发出难闻的气味，发出的光亮就变成了"我很难吃"的暗示，有警告的作用。

乌基似伟蜓

Anaciaeschna martini

栖息地
亚洲

体长
雄性：73 mm
雌性：78 mm

分类
昆虫纲·蜻蛉目·晏蜓科

食物
昆虫等

雄性

　　如果被问到"你最喜欢的蜻蜓是什么？"，回答"乌基似伟蜓"的应该很多吧。雄乌基似伟蜓拥有惊人的明艳蓝色，任何人只要看上一眼都难以忘怀。

　　它们为什么会进化出如此亮丽的蓝色呢？当然是为了博得雌性的好感。因此，只有为繁殖做了万全准备的乌基似伟蜓，才会披上漂亮的蓝色衣裳。刚羽化的年轻雄性和雌性身体都是黄色的。

　　蜻蜓的复眼很大，触角很短，没有鼓膜，是看重视觉形象的昆虫。因此，向异性展现自己时外表十分重要。

　　不过，长得太扎眼很容易被自己的天敌鸟类发现。针对这一问题，乌基似伟蜓想出的对策是，白天几乎停止飞行，而在天色暗淡、颜色难辨时到处飞行。这难道不是本末倒置吗？

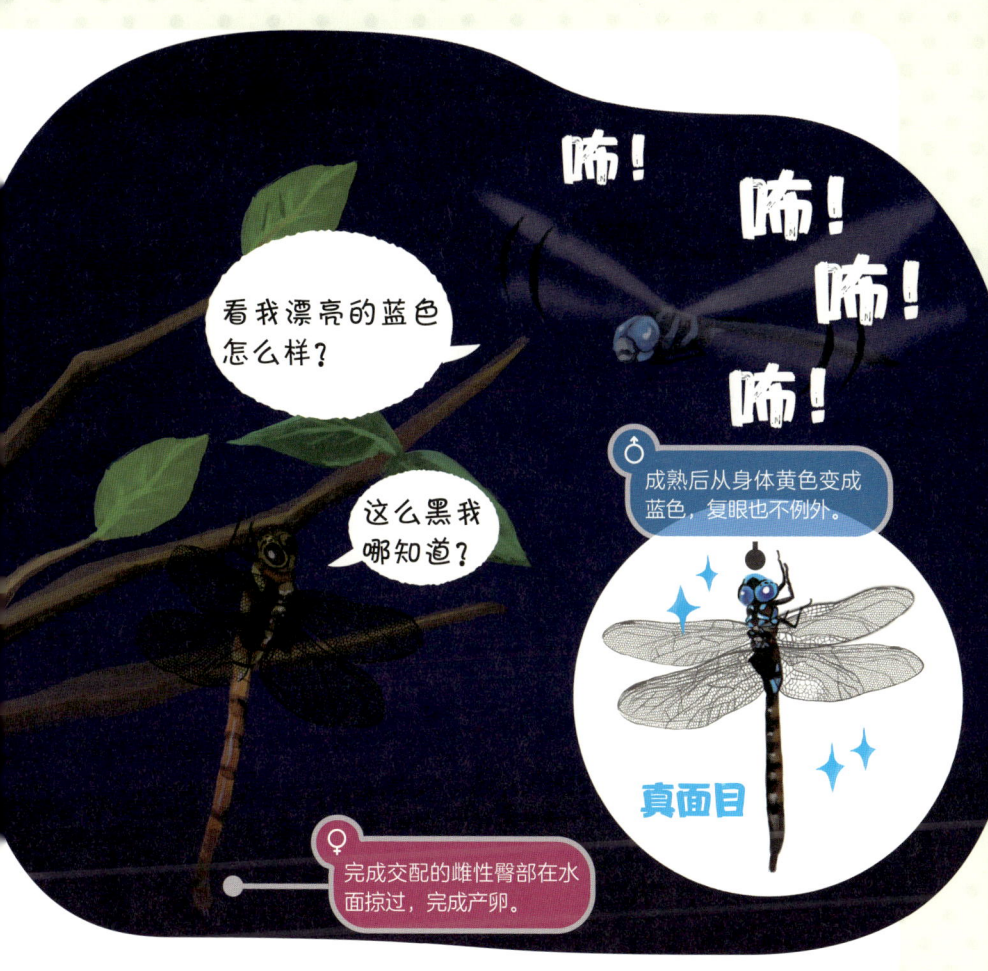

雌性

    雌乌基似伟蜓和其他很多蜻蜓一样，都是黄色的。这让它们在水边的植物丛中飞行时有迷彩的效果。为了降低风险，需要产卵的雌性尽量让自己不太显眼。看来即使是蜻蜓也有自我保护意识。

    另外，蜻蜓在交配的时候，会抱在一起组成一个心形。用臀尖抓住对方脖子根部的是雄性，用臀尖连接对方足根的则是雌性。

铃虫

Homoeogryllus japonicus

雄性

秋夜里发出"铃——铃——"响声的是铃虫。估计很多人知道发出这种声音的是雄铃虫。铃虫是黑色的，具有夜间活动的特性，且几乎不跳跃，所以并不显眼。即便如此，雄性还是会故意发出声音置自己于险地。

它们这样做当然是为了向雌性展现自己。雄性通过鸣叫来呼唤雌性。雄性右前翅的背面和左前翅的正面上像锉刀一样排列着细小的突起，它们相互摩擦左右前翅就可以发出声音。

另外，在变为成虫一周左右，铃虫后翅会脱落，因为不论鸣叫还是爬行，后翅都很碍事。不过，刚刚羽化的成虫需要通过后翅飞翔，后翅让它们的分布变得更广泛。

栖息地
日本

体长
雄性：17 mm
雌性：17 mm

分类
昆虫纲·直翅目·蟋蟀科

食物
草、昆虫的尸体

雌 性

　　雌性不发出声音，也不会相互摩擦前翅。雌性的前翅没有复杂的花纹，翅膀也很窄，从上面看又细又长。不过从胖瘦程度上来说雌雄是一样的。

　　说到雌性特有的部位，那就是臀尖上突出来的像针一样的产卵管。雌性会将这根产卵管尽可能深地往土里插，一个接一个地把卵分开产在地底。

竹节虫

Phasmatodea

栖息地
日本

体长
雄性：60 mm
雌性：90 mm

分类
昆虫纲·竹节虫目·竹节虫科

食物
树叶

雌性

竹节虫家族的成员们可以不交配，光靠雌性就能繁衍后代。这其中的代表就是日本的竹节虫。

明明有雌雄之分，却仅靠雌性完成繁衍的行为称为"单性生殖"。通过单性生殖产下的小竹节虫，可不只是母亲的克隆体。小竹节虫的遗传基因经过了重组，它们可以与自己交配并产卵。

另外，竹节虫的卵由非常硬的壳包裹着。因此，即使雌性被鸟类吃掉，它们肚子里的卵也不会被消化掉。卵宝宝跟随着鸟儿飞去很远的地方，然后随着粪便一起被排出体外。竹节虫一般不会移动，即使卵被带到很远的地方，遇到能够配对的异性的概率也很低。但是，如果是单性生殖，就没有寻找另一半的必要，这对延续后代也许是一件有利的事情。

雌性的身体有的是绿色，有的是茶色。

由于不会产卵，雄性比雌性更纤细，足和触角都很长。

卵

雄性

　　事实上竹节虫也有雄性，不过迄今为止也仅找到过十几只。如果发现了雄竹节虫，那一定是能够上报纸的珍品。

　　竹节虫以单性生殖为基本生殖方式的现象依然存在，这也许是为了遗传基因交叉配对吧。遗传基因如果没有多样性就会产生许多弊端。这一物种或因同样的疾病而全军覆没，或者身体变得越来越虚弱。实际上，据说偶尔出现的雄性，也会积极地参与交配。

07

培菌白蚁

Termitidae

栖息地
亚洲、非洲

体长
雄性：10 mm（蚁王）
雌性：100 mm（女王）

分类
昆虫纲·等翅目·白蚁科

食物
树木、真菌

雌性

雌培菌白蚁在自己巨大的巢穴中，用自己的粪便作为材料培育真菌。它们虽然以树木为食，但是不能将其完全消化。这些未消化的食物转化成的粪便会由真菌分解。培菌白蚁通过食用这些真菌来吸收养分。

如此巨大的巢穴中，负责产卵的是"蚁后"。蚁后是唯一能够产卵的雌性，有的培菌白蚁每天可以产8万个以上的卵。

蚁后几乎不活动，产卵是它们生活的全部。蚁后的卵巢随着年龄的增大而逐渐变大，它们的身体比工蚁长10倍以上。

当蚁后离开自己出生的巢穴时会变成羽蚁。飞行一段距离后它们降落，然后自行折断翅膀，从此无法飞行。

蚁后的寿命据说是昆虫中最长的，可以达到数十年。

当当……（闪亮登场）

蚁王的寿命非常长，不是和蚁后一样长，就是比它还要长。

兵蚁　　工蚁

一部分工蚁通过蜕皮变成兵蚁。

雄　性

　　培菌白蚁的巢中也有专门负责繁殖的"蚁王"，仅有一只。蚁王会在蚁后的房间附近等候，它的工作就是和蚁后交配。和"一次性"雄蚁相比，蚁王享有的是相当优渥的待遇了。

　　另外，虽然蚂蚁中的工蚁全都是雌蚁，但是白蚁中的雄蚁和雌蚁都会参与劳动，只不过工蚁都是幼虫，从外表上无法区别性别。

08

日本大锹甲

Dorcus hopei binodulosus

栖息地
东亚

体长
雄性：70 cm
雌性：35 mm

分类
昆虫纲·鞘翅目·锹甲科

食物
幼虫以朽木为食
成虫以树的汁液为食

雄性

日本大锹甲的雄性长着又大又长的下巴。和蚂蚁的大下巴一样，这是嘴巴的一部分变长而形成的。它们长这么大的下巴，是因为在和其他雄性的战斗中用得上。

雄性的角和牙等，往往因雌性的喜爱而变长。但是，雄性并不是"没有大长下巴不行"，长着短下巴的雄性也有交配的机会。

不过，与其说有交配机会，倒不如说，体型小、下巴也短的雄性可以轻松灵活地四处飞行，从而避免了和其他强壮的雄性的斗争，才有了和很多雌性交配的机会。如果是这样，幼虫时期没能完全发育好的雄性似乎也能很好地生存下来。

雌性

　　雌性和雄性相比非常小，大下巴也不长。但是，它们的剪力很强，如果被雌性夹住手指，简直比被雄性夹住还疼。这和"短剪子更省力"是一个道理。

　　完成交配的雌性会用大下巴削去朽木的表层，并在其中产卵。另外，由于产卵时需要大量蛋白质，雌性会通过大下巴大口吞食其他昆虫。

09

独角仙

Allomyrina dichotoma

栖息地
亚洲

体长
雄性：50 mm
雌性：48 mm※不包含头角

分类
昆虫纲·鞘翅目·金龟科

食物
幼虫以腐殖土为食
成虫以树的汁液为食

雄性

　　说到独角仙，我们会联想到它们头上和胸上长出的两个角。这是好斗的雄性的主要武器，在有树汁流出的地方，它们用角来驱赶对手。

　　独角仙的必胜战术是把头角插到对手的身体下部后将其"抄起翻倒"。在树汁争斗战中，它们的对手不仅有其他雄独角仙，还有锹甲和胡蜂。但是和其他昆虫相比，独角仙的体重有绝对优势，它们作为杂树丛中的王者统治着这里。

　　只不过，并不是角越长越好。角长的独角仙体型也会变大，行动会变得迟缓，飞行也变得笨拙。同时，长长的角很显眼，更容易被乌鸦、狸等捕食。实际上，在公园里能发现很多只有身体被吃掉的雄独角仙的尸体。

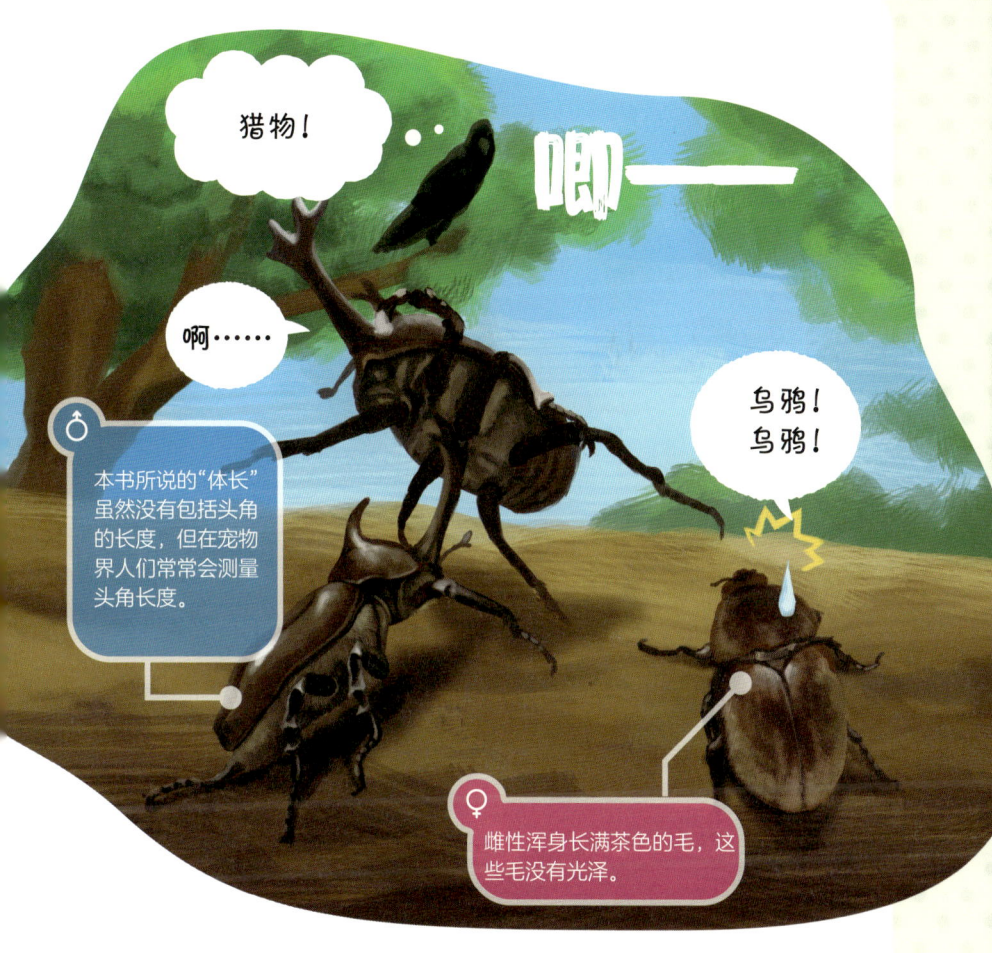

雌性

　　雌性虽然没有角，但是大小和雄性基本没有差别。不过，雌性有自己的特点，那就是浑身长满浓密的毛，这是由于雌性经常钻到腐殖土中的缘故。

　　交配后的雌性基本上不活动，它们会多次钻到土里产卵。浑身长满短毛的话身体就不容易变脏，浓密的毛可能是为了保持身体的整洁。

10

山原长臂金龟

Cheirotonus jambar

栖息地
日本

体长
雄性：62 mm
雌性：60 mm

分类
昆虫纲·鞘翅目·金龟科

食物
幼虫以腐殖土为食
成虫以树的汁液为食

雄性

山原长臂金龟1984年在日本作为新物种被记载，它把"日本最大甲虫"的名号从独角仙那里夺了过来。它们只生活在日本冲绳岛的山原地区，虫如其名，"长长的前足"是它们的特征。只不过，只有雄性的前足很长。

雄性长长的前足不仅在争夺异性的战斗中发挥作用，也可以用来争夺有树汁流出的地盘的独占权。也就是说，它们的前足和独角仙的角、锹甲的大下巴发挥着相同的作用。

尽管如此，它们的细长前足好像并没有力量，可能还会给人留下生存艰难的印象。但是，雄长臂天牛和雄红棕象甲也有长长的前足，山原长臂金龟的前足应该可以成为强有力的武器。不过，独角仙有1000种以上，而山原长臂金龟仅有数十种，真要打起架来谁获胜还很难说。

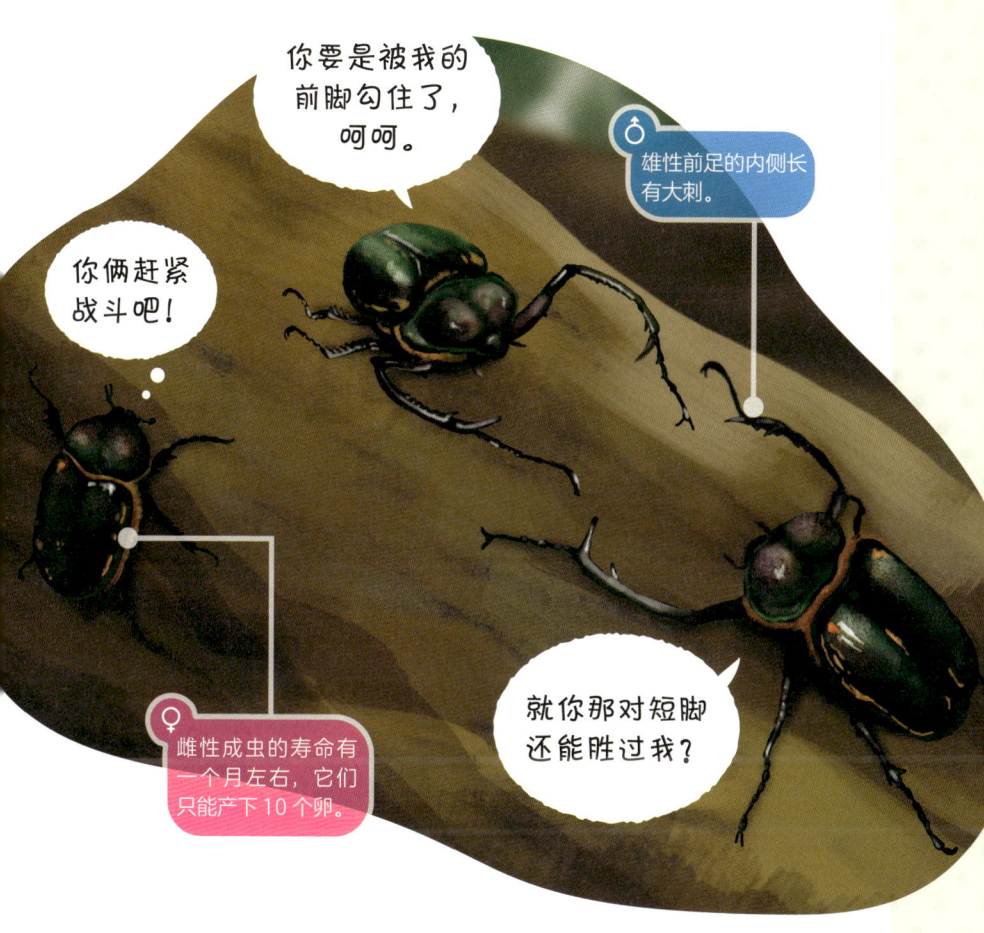

雌性

　　雌性的前足不是特别长，它们背部泛着青绿色的金属光泽，给人一种高级感。

　　雌性不会到处飞，它们会在内部腐朽后只剩躯壳的大树里产卵。在朽木中，堆积的木屑变成腐殖土，幼虫会以它为食。不过日本山原地区的森林不断被砍伐，有大空洞的大树也逐渐变少，山原长臂金龟面临着灭绝的危险。

11

突眼蝇

Diopsidae

栖息地
东南亚

体长
雄性：10 mm
雌性：10 mm

分类
昆虫纲·双翅目·突眼蝇科

食物
幼虫以菌类、落叶等为食
成虫以菌类、细菌为食

雄性

　　日本寺庙中用来敲钟的钟椎又叫"撞木"，很多撞木都是"T"字形，而突眼蝇的两只眼睛分别向左右两边远远地分开，所以被称为撞木蝇。

　　它们长成这样的本来目的应该是为了拓宽视野吧。像人类一样两眼都朝前的话，虽然可以感觉到距离的远近，但看不见的范围也增加了。相对的，如果像马一样眼睛长在左右两边，可见范围就会变广，但两眼能共同看到的范围就变得狭小了。不过，由于突眼蝇两只眼睛长在长长的眼柄上，所以视野没有死角，两眼能够看见的范围也增加了。

　　但是，突眼的作用并不限于此。雄性会在眼柄的长度上相互竞争。所以，它们的眼柄超过了刚好的长度，两只眼睛离得越来越远。

雌性的眼柄长度只有雄性的一半。

雄性之间决战的时候会把头对在一起，比一比谁的眼距宽。

这两只眼睛离得可真远啊！好美！

雌性

　　不仅雄性会为了眼柄的长度互相竞争，雌性也喜欢眼柄长的雄性。因此突眼蝇的眼柄失去了变长的本来意义，成为"越长越厉害"的价值观的表现。

　　另外，雌性的眼距虽然没到雄性那样宽的程度，但也比较宽。不过这分开的双眼似乎没有为繁殖带来益处。在暗淡的森林里，宽眼距让雌性拥有更广阔的视野，也就没有偏离眼柄变长的本来目的。

12

马尾茧蜂

Eurobracon yokohamae

栖息地
亚洲

体长
雄性：18 mm
雌性：20 mm

分类
昆虫纲·膜翅目·小茧蜂科

食物
幼虫以天牛蛹为食
成虫以花粉等为食

雌性

蜂的毒针由产卵管发育而成。拥有毒针的蜂的个体数很多，不过，从物种数来看，还是不蜇人的蜂更多。

马尾茧蜂不属于爱蜇人的蜂，但它们的产卵管的长度却不一般，可以达到体长的 8 倍。为什么会长这么长呢？原来是为了把卵产在藏在树干里的天牛的蛹上。

大型天牛会在活的树木上产卵，幼虫食用树干的汁液并在其中发育成蛹。雌蜂通过气味发现天牛蛹，就会将长长的产卵管伸入树干上的洞穴中并将卵产在蛹上。这好比不看电脑屏幕操纵胃镜一样需要一定的技巧。雌性会多次改变姿势，花费几十分钟产卵。

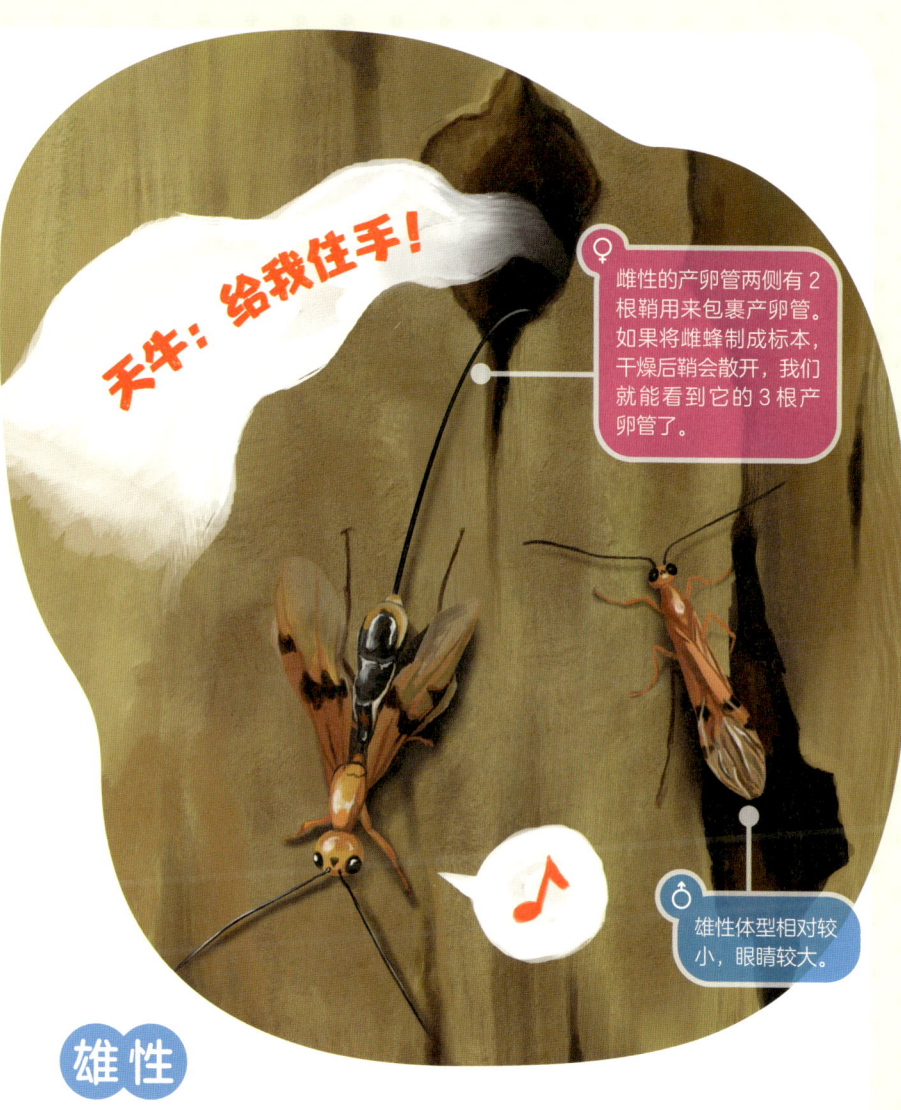

天牛：给我住手！

♀ 雌性的产卵管两侧有 2 根鞘用来包裹产卵管。如果将雌蜂制成标本，干燥后鞘会散开，我们就能看到它的 3 根产卵管了。

♂ 雄性体型相对较小，眼睛较大。

雄性

　　被马尾茧蜂的卵附着后的天牛蛹注定成为马尾茧蜂幼虫的美食。成长的幼虫会在树干中从蛹变为成虫，再从出生的洞穴中爬出来。

　　羽化后的成虫中雄蜂占了大半，但是在野外能够观察到的雄蜂却很少。这可能是因为，与飞起来就很显眼的雌蜂相比，雄蜂看起来过于平凡而很容易被忽视吧。

🪲 第 4 章　节肢动物

13

炎熊蜂

Bombus ardens

栖息地
日本

体长
雄性：15 mm（工蜂）
雌性：20 mm（女王）

分类
昆虫纲·膜翅目·蜜蜂科

食物
花粉、花蜜

雌性

炎熊蜂是从寒冷的北方进化而来的蜂类。它们身上覆盖着松软的绒毛，可以抵御严寒，却不适合日本炎热的夏天。因此，不少炎熊蜂都有夏眠行为。

雌蜂分为产卵的女王和不产卵的工蜂两种。它们从颜色上看没有区别，但女王的体型硕大到让人怀疑它到底是不是炎熊蜂。

春天出生的新女王在 6 月完成交配后躲到地下巢穴中进入夏眠模式，即使是天气变得凉爽它们也不会醒过来，直到第 2 年 3 月下旬才开始活动。这是因为如果在秋天醒来，花朵很少，随即又进入冬天，倒不如一觉睡到春天更实在。

进入春天后，女王产下工蜂。6 月，新女王和雄蜂离开老巢。这样，老巢变得空荡荡，女王的生命也会在这时结束。

雄性

　　雄蜂没有蜂刺，但还是很难一眼辨别雌雄。在这一点上，炎熊蜂还是很容易区分。雄蜂全身都是黄色的，和黑色的雌蜂相比就像完全不同的两个物种。

　　蜜蜂的大巢穴中有很多工蜂（雌性）。炎熊蜂的巢很小，巢穴存在的时间也只有 3 个月左右。由于不需要很多工蜂，所以相对来说雄性所占比例较大。

14

胡蜂捻翅虫

Strepsiptera

栖息地
亚洲

体长
雄性：5 mm
雌性：15 mm

分类
昆虫纲·捻翅目·捻翅科

食物
幼虫以胡蜂的体液为食
成虫什么都不吃

雌性

雌胡蜂捻翅虫长着像鞋拔子一样的头胸部，那上面连着长长的像蛆一样的腹部。大家都没见过它们吧？这是因为，雌虫通常藏在胡蜂的腹节处，一生都不会出来。

幼虫靠吸食胡蜂的体液长大，雌虫即使从蛹变为成虫，也一直藏在胡蜂的腹节处。雌虫不仅没有脚和翅膀，连眼睛和触角都没有，它们哪都不能去。

那要怎样才能繁衍后代呢？雌虫会把头探出来，释放费洛蒙从而呼唤雄虫。交配结束后的雌虫会在体内孵化2万至3万个卵，并在其他蜂可能停留在有树汁的地方的契机将幼虫产出。然后，幼虫会在有树汁的地方静静等待其他蜂的来临，伺机紧紧抱住对方的身体，然后侵入它们的巢穴。

我感觉到了未来老婆的费洛蒙！

我在这里哟！在这里！

雄性的前翅拧在一起呈棒状，所以被唤作捻翅虫。♂

这里。

雌性虽然长成这样但却是成虫。它们仅将头的最上部分露出来，释放费洛蒙来呼唤雄性。♀

里面是这样的。

雄性

　　雄性幼虫也会藏在蜂的腹节处，但是发育为成虫后会飞出来寻找雌性。不过它们只有4小时的时间，如果不能在4小时内找到寄生在胡蜂上的雌虫，它们就会因体力消耗殆尽而死。

　　如果能够抓到胡蜂，就很容易找到雌虫，而雄性的成虫期很短暂，所以极难找到。即使是昆虫的狂热爱好者，见过雄胡蜂捻翅虫的也只是极少数。

15

日拟负蝽

Appasus japonicus

昆虫中也有守护卵的物种，那就是"把子孙背起来保护"的日拟负蝽。它们是适应了水中生活的蝽的亲戚。多数蝽会用针一样的嘴吸食植物的汁液，而日拟负蝽则是用嘴刺穿猎物，一边分解它们的身体一边吸食体液。

背着卵的全是雄虫。有卵背在身上，雄虫不仅游泳的时候阻力变大了，也无法展开翅膀飞翔。另外，成虫会让屁股露出水面进行呼吸，但是为了让卵也能够呼吸，雄虫需要时不时地让后背全部暴露在空气里。背着卵意味着自由的丧失。

但是如果你以为这是一种父爱的行为就大错特错了。证据就是，当孵化后的幼虫从雄虫后背上下来时，雄虫会毫不犹豫地将它们吃掉。

栖息地
东亚

体长
雄性：19 mm
雌性：2 mm

分类
昆虫纲·半翅目·负子蝽科

食物
鱼、蝌蚪、螺

下一个~

在没有背卵的情况下，难分清雌虫和雄虫。但是，雌雄之间屁股尖（亚生殖板）的形状略有不同。♀

幼虫孵化时分泌的酵素会将已经孵化后的卵壳分解，易于脱落。♂

看上去很好吃呀！

雌性

　　雌虫一次可以产数十个卵，而且每产下 1 个卵，就要进行一次交配，所以有时候全部产完卵要花好几个小时。

　　雌虫在雄虫的后背上产卵时会不留余地。这一行为是为了尽可能多地将卵产在雄虫背上而进化。有的雌虫还会在已经背负了卵的雄虫后背上继续产卵。雄虫的后背上最多能驮运 100 个卵。

16

弧边招潮蟹

Tubuca arcuata

栖息地
东亚

甲壳的宽度
雄性：30 mm
雌性：20 mm

分类
甲壳纲·十足目·沙蟹科

食物
泥中的营养物质

雄性

大部分动物长得左右对称，不过雄弧边招潮蟹只有一只钳子异常大，这种不对称风格极具魅力。虽然它们并没有哪一只钳子应该更大，但一定只有一只非常大。

大钳子是力量的象征。雄蟹一边挥舞着大钳子，一边和其他雄性竞争。另外，拥有大钳子的雄蟹可以挖出漂亮的巢穴，这对需要在巢穴里产卵的雌蟹来说，自然是长着大钳子的雄蟹更有魅力。

那么大的钳子如果坏了，对雄蟹来说可就完了。不过不用担心，大钳子在蜕壳的时候还会长出来，只是新长出来的钳子很小，无法被异性相中。但是，螃蟹和昆虫不同，它们可以无数次蜕壳，有足够多的时间让钳子长大。

雄性左右挥舞钳子的样子好像在"呼唤潮水"，这就是它们名字的由来。

口若悬河

我呀，当初就用这个膀子发迹的……

口若悬河

活力满满

咔哧咔哧！

啊～嗯嗯。

雌性在腹部里抱卵，所以体型比雄性更宽。

雌性的腹部

雄性的腹部

雌性

　　雌蟹的两只钳子很小，不过用来进食刚刚好。雌蟹用自己的小钳子把泥巴放到嘴里，汲取完营养后再把它吐出来。雄蟹没办法用大钳子把泥巴放到嘴里，如果比谁进食快，还是用两只钳子左右开弓效率高一些。

　　另外，如果观察雌蟹的腹部，可以看到大大的类似兜裆布的部分，它们会在这里抱卵直到蟹宝宝孵化。

17

多瘤破裂鱼虫

Rhexanella verrucosa

栖息地
日本近海

体长
雄性：25 mm
雌性：50 mm

分类
软甲纲·等足目·缩头水虱科

食物
真鲷或血鲷的体液

求求你饶了我吧

横向看长这样。

雄性

　　雄多瘤破裂鱼虫附着在雌性狭小的胳肢窝里，先到先得的规则导致了雄性长得小。

　　在寄生前，幼虫并没有性别之分。当它们附着到鲷鱼的嘴里时，寄生开始了。幼虫会在鲷鱼口中逐渐发育成熟。这时，如果寄主鲷鱼的嘴巴还没有被抢占，它们就会发育成雌虫，相反，如果已经被别的雌虫抢占了先机，它们就会在空余的狭小空间里苟活，成为小个头的雄虫。

肚子里有用于装卵的"袋子"，卵会在"袋子"中孵化。幼虫会从鲷鱼的嘴里游出来，寻找新的宿主。

嗨!

偶尔会出现3只多瘤破裂鱼虫同居的现象。在这种情况下，第2只和第3只都是雄虫。

雌性

如果把鲷鱼的嘴巴打开，偶尔会看到生活在里面的生物，那是多瘤破裂鱼虫。多瘤破裂鱼虫的日语直译为"鲷鱼的饵料"，说明它们可以在鲷鱼的口中被找到。为什么鱼嘴里可以找到它们呢？因为它们是寄生虫。

多瘤破裂鱼虫的14个脚的脚尖各有1个锋利的爪，可以牢牢地抓住鲷鱼的上颚。它们通过咬住鲷鱼嘴内的皮肤，吸食血液。被寄生的鲷鱼虽然会变得瘦弱不堪，但不会被吸血致死。这是因为，一旦寄生在鲷鱼身上，多瘤破裂鱼虫一辈子都不会移动到别处，如果寄主死了，它们也别想活。

不过，长大后的雌虫最大能长到5 cm，这可能会导致鲷鱼的嘴巴变形。鲷鱼嘴里一定有很强的异物感吧。

18

巨颚水虱

Gnathiidae

　　长得像锹甲头部的脑袋连接着与虾的腹部类似的身体，这就是巨颚水虱。它既不是昆虫也不是虾，而是像鼠妇和多瘤破裂鱼虫一样的等足类动物。

　　巨颚水虱的幼虫在水里很活跃，它们会寄生在鱼类的身上吸血。经过3次蜕皮后，雄巨颚水虱变态为成虫，拥有帅气的大下巴。这之后，它们什么都不吃了，哪怕是繁殖期。

　　雄性拥有如此巨大的下巴是"为了保护雌性"，这一解释很合理。雄性在海底有自己的地盘，会通过气味呼唤雌性。交配后，雌性一直守候自己的卵，直到孵化完成。巨颚水虱不论雌雄都是小体型，猎食者会将幼虫和成虫一起吃掉。但即使这样，守护卵宝宝也比产卵后弃之不管更能明显提高幼虫的存活率。

栖息地
世界各地的海

体长
雄性：10 mm以下
雌性：10 mm以下

分类
软甲纲·等足目·巨颚水虱科

食物
幼虫以鱼类的体液为食
成虫什么都不吃

嘿呦！加油！

从上面看酷似蝉蚪

嘿呦——嘿呦

呼——

雄性比雌性更长寿，它们可以多次交配。巨颚水虱属于雄性会召集很多雌性组建"后宫"的物种。

小宝宝

透过透明的身体可以看到雌性体内塞满了卵宝宝。它们会在雌性肚子上的"袋子"里孵化，长大后再出来。

幼虫身体细长，它们比成虫更擅长游泳，还会寄生在鱼类身上。

雌性

　　成年雌性和雄性在长相上没有区别。只不过由于孵了太多的卵，雌性的身体还是结结实实地鼓起来，也几乎不再游泳了。

　　可能因为这样，雌性在幼虫期间根据气味游到雄性身边，然后在雄性的保护下发育成熟，进而交配、产卵。卵宝宝在雌性肚子上的"袋子"里孵化，当卵宝宝孵化后，雌性就走向死亡。

专栏

蚂蚁和白蚁毫无关系

黑白分明！

蟑螂的同类

蜂的同类

♂♀ 白蚁的蚁王和蚁后都是昆虫界最长寿的。活得久的能达到数十年。

♂♀ 蚂蚁的蚁后长寿的可以活十年以上。而雄蚁无论交配不交配，都会很快死亡。

　　蚂蚁和白蚁都是以大家族形式生活的"社会性昆虫"，虽然长得很像但其实完全不同。蚂蚁是蜂的同类，而白蚁则是蟑螂的近亲。蚂蚁的幼虫是蠕虫状，靠工蚁（成虫）的投喂长大。而白蚁的幼虫和成虫长得一样。不止如此，白蚁的工蚁都是没有翅膀的幼虫。

　　蚂蚁和白蚁的雌雄分工也不一样。蚂蚁的工蚁全部是雌性。有翅膀的雌性会从巢穴中出来，交配后立即死亡。但是，白蚁的工蚁里混杂着雌性和雄性，还有一部分是已经发育成熟且长出翅膀的成虫。另外，靠自己的努力建起巢穴的雄蚁和雌蚁会变成蚁王和蚁后。

第 **5** 章　鱼·两栖动物

没差别

大部分品种的雄性和雌性不容易区分。但是，在气候温暖的地方生活的色彩艳丽的鱼，从颜色、花纹再到鱼鳍，很多种类的雌性和雄性存在不同。

大小

各有千秋

从个头上来说，大多数鱼类的雌性和雄性体型区别很小。当然也会出现雄性或雌性体型特别大的情况。另外，雌蛙相对体型较大。

鱼·两栖动物

雄性 和 雌性 的区别

　　鱼和两栖动物都是在水中产卵的脊椎动物。两栖动物中还包括山椒鱼等物种，我们以青蛙为例了解一下。

不需要

咔！咔！

在水中产卵的鱼、青蛙基本上不会进行交配。雄性直接将精子产在卵子上，采用体外受精的形式给卵子受精。不过，像鲨鱼、孔雀鱼等一部分鱼类是有交配行为的。

\ 其他 /

食用鱼子是卵

人类食用的鱼子是雌性产卵前肚子里的卵。像鲑鱼子、和鲱鱼子等，可以从鱼肚子中取出来吃掉，而像柳叶鱼则可以直接吃掉一整条鱼。另外，青蛙的卵有毒，还是不吃为好。

敲小·黑板

- 雌雄难辨的很多。
- 大多数鱼类大小相同。青蛙则是雌性比较大。
- 大多数不会交配，采用体外受精方式。
- 我们会吃一部分雌鱼的卵。

01

锥齿鲨

Carcharias taurus

栖息地
从温带到热带的浅海

全长
雄性：2.5 m
雌性：2.6 m

分类
软骨鱼纲·鼠鲨目·锥齿鲨科

食物
鱼

雌性

锥齿鲨明明从长相上看是鲨鱼，在日本却给它起名叫"白鳄"。这可能是古代日本人把鲨鱼称作"wani"（日语，意思为鳄鱼）的缘故。

未出生的幼崽会在雌性子宫中互相残杀，只有胜出的两个才能出生。有一个非常符合它们可怕形象的事情是，即使是成年锥齿鲨也不甘示弱。雌性常常在交配最激烈的时候被雄性咬得鲜血淋漓。

锥齿鲨在水中交配，所以让身体固定不动是一件很难的事情。为了完成交配，雄性会咬住雌性的鱼鳍。因此，交配后的雌性常常遍体鳞伤。如果某只锥齿鲨只有胸鳍被咬得破烂不堪，那它一定是雌性。

雄性

　　实际上，像鲨鱼、鳐鱼这样的软骨鱼都会进行交配。雄性有被称为"鳍脚"的交配器官。鳍脚由腹鳍的一部分变化而来，有两个，交配时只使用其中一个。

　　不仅是锥齿鲨，雄软骨鱼的鳍脚都会向后长很长。因此，即使在水族馆从下往上看，雄性也很容易分辨。

第5章　鱼·两栖动物

02

黑线银鲛

Chimaera phantasma

栖息地
太平洋

全长
雄性：1 m
雌性：1 m

分类
软骨鱼纲·银鲛目·银鲛科

食物
蟹、贝类

雄性

有被叫作"鳄鱼"的鲨鱼，也有不是鲨鱼却被叫作"鲨鱼"的鱼。黑线银鲛虽然和鲨鱼有亲戚关系，但它们属于全头亚纲，并不是鲨鱼。鲨、鳐有5对以上板状鳃盖骨，属于板鳃亚纲，而银鲛的鳃盖骨只有1对。

不过，黑线银鲛也属于软骨鱼，腹鳍处有1对鳍脚。雄性会用鳍脚来进行交配，但它们不会像沙虎鲨那样咬住雌性。雄性额头上有一个像钩子的鳍脚，可以钩住雌性的鳍从而完成交配。这个鳍脚的内侧排列着很多小刺，如果被钩住了可能会有些痛。不过，这和锥齿鲨的"咬住交配"比起来已经相当绅士啦。

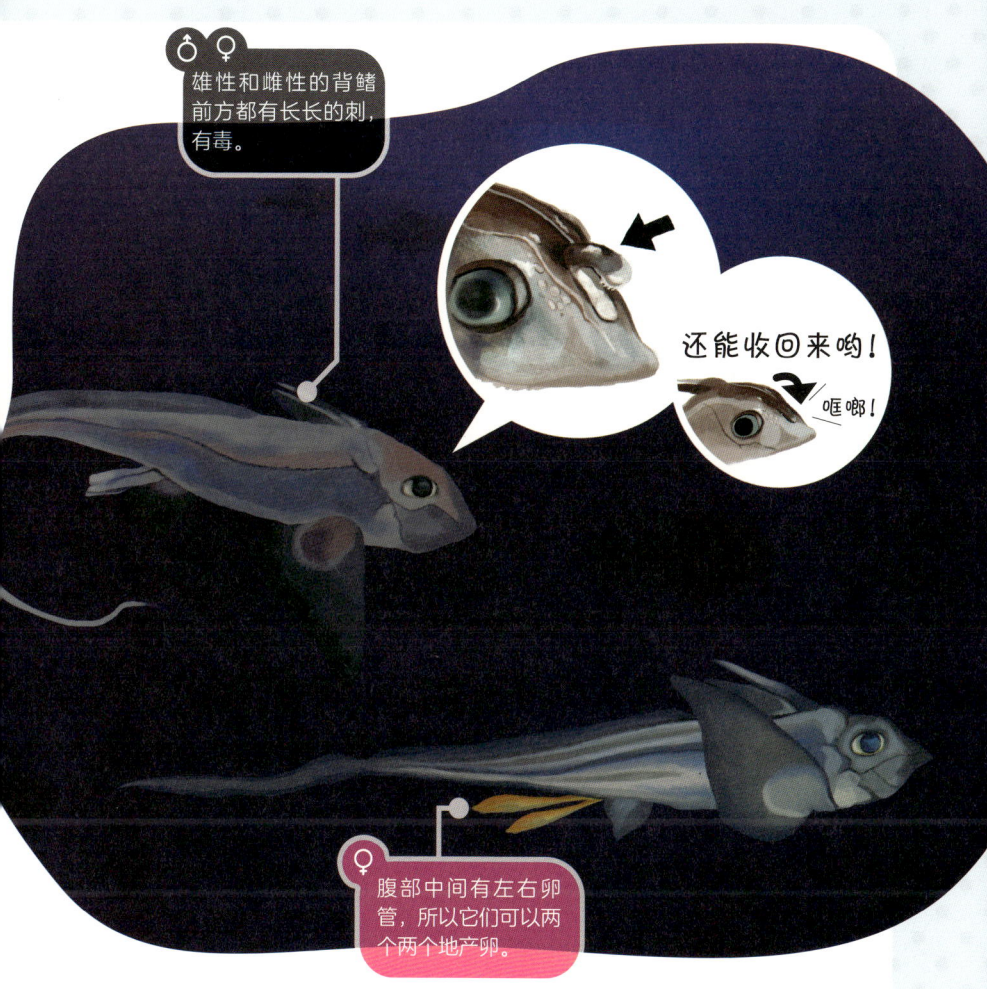

雌性

　　和雄性相比，雌性没有明显的外貌特征。但是，它们也有雌性特有的标志，那就是"卵壳"。

　　完成交配的雌性会在肚子中长期保存精子，并将它们用来繁衍。雌性将卵一个个"塞"到像毛豆荚一样的卵壳里再产出。游动的雌性身上，有时还会挂着残留的卵壳。如果看到黑线银鲛身上挂着飘动的黄色卵壳，就能分辨出它是雌性。

03

海马

Hippocampus

雄性

海马是一种由雄性负责"生产"的有点不一样的鱼。不过，排卵的还是雌性。雄性的肚子上有育儿袋，雌性会在那里产卵。

求爱的时候，雄性会把育儿袋里装满海水使其膨胀，从而告诉雌性"这里可以装下很多卵哦"。看到这些的雌性如果心生欢喜，两只海马的身体就会发出忽明忽暗的亮光，共同开启"爱的舞蹈"。如果这支舞跳得好，雄性的育儿袋里就会装满卵宝宝。

雄性的育儿袋不仅可以保护卵宝宝，袋的内侧还可以供应蛋白质、脂肪等营养物质。2~3 周后，孵化的小宝宝长到 1 cm 左右，雄性就会打开袋口，开启挤牙膏似的"生产模式"。

栖息地
日本太平洋沿岸

全长
雄性：6 cm
雌性：6 cm

分类
硬骨鱼纲·海龙目·海龙科

食物
动物性浮游生物

去吧！我可爱的孩子们！

育儿袋的表面非常光滑，如果下腹的突起很小的话就可以确认为雄性。

袋子的入口处长着输卵管，只要花 2 小时就可以排出 40~50 个卵。

雌性

在雄性养育宝宝的时间里，雌性要做的事情就是不断在肚子里排卵。

海马是一夫一妻制，雌性产卵结束后，每天早晨都会到雄性那里去看看情况。如果确认雄性"生产"完成，就会再次把雄性的育儿袋里装满卵子。雌性排卵需要消耗很多能量，所以为了守护雌性，负担相对较轻的雄性才进化成这样的吧。

04

金黄突额隆头鱼

Semicossyphus reticulatus

栖息地
日本到中国的近海

全长
雄性：1 m
雌性：50 cm

分类
硬骨鱼纲·鲈形目·隆头鱼科

食物
贝类、蟹、海胆

雄性

　　金黄突额隆头鱼的额头上长有大疙瘩。雄性体型较大，头上的疙瘩和下巴相应地也大一些。它们长得这么吓人是有原因的。

　　雄鱼有自己的领地，那里活动着数条雌鱼。领地里如果有其他雄性靠近，领主会立刻驱赶它们，如果领主头上的疙瘩足够大，就能不战而胜了。大疙瘩是体格壮硕的象征。

　　但是，如果双方都有大疙瘩，那谁都不会相让。这时，它们会立刻张开嘴给对方看，嘴大的一方胜利。长着大疙瘩的雄鱼虽然看上去挺吓人，它们也只是为了避免真正的战争才长成这样。

雌性

　　橘黄色幼鱼身上有一道白线。随着年龄的增长，雌性的这道白线会变成紫红色，额头也会稍变大。如果身体全长超过了50 cm，它们会开始性转换，变成雄性。

　　个头小的雄性没有自己的地盘，自然没有繁殖的机会。所以当它们个头还小的时候，作为雌性负责产卵最可靠。但是，当长到可以拥有自己地盘的大小时，如果能让更多雌性产卵，就可以留下更多后代啦。

05

纵带黑丽鱼

Melanochromis auratus

黄色的蛋斑非常显眼，斑点的形状和个数因个体的不同而有所变化。

啊！是我的卵宝宝！

雌性

非洲马拉维湖里，生活着数百种只有当地才有的丽鱼。它们被认为是由同一祖先进化而来，以独特的育儿方式而声名远扬。

雌性一次产卵30个左右，产卵后随即把它们全部吸入自己的嘴巴，然后就这样不吃不喝地保护卵宝宝。

在妈妈口中孵化的宝宝们会吸收卵内的营养，长得稍微大一点时就会从妈妈的口中出来。但是，它们不会立即独自生活，还需要生活在妈妈周围。当天敌到来时，幼鱼会立刻躲到妈妈的嘴里。正是因为如此细心周到的育儿方式，纵带黑丽鱼才得以在马拉维湖里大量繁衍生息。

栖息地
东非

全长
雄性：11 cm
雌性：9 cm

分类
硬骨鱼纲·鲈形目·丽鱼科

食物
藻类

过来！

在口中养育小宝宝的方式被称为"口腔孵化"。

雄性

　　雄性的体色从幼鱼时期开始基本没变过。但是，当它们成熟后身体会变黑，尾鳍上会长出叫"蛋斑"的黄色斑点。

　　雌性从尾部产出卵后，会立即回头，把卵吸进嘴里。当它们看到和黄色的卵非常像的雄性的蛋斑，就会条件反射般地想要吸到嘴里从而靠近雄性。而恭候多时的雄性就会把精子排出从而使雌性口中的卵子受精。

06

泰国斗鱼

Betta splendens

栖息地
泰国

体长
雄性：7.5 cm
雌性：6 cm

分类
硬骨鱼纲·鲈形目·斗鱼科

食物
动物性浮游生物

雄性

泰国斗鱼身体娇小却长着鲜艳的大鱼鳍，是一种非常受欢迎的观赏鱼。但是，隐藏在它们美丽外表下的是极强的攻击性。如果同一个鱼缸里有两条雄鱼，它们一定会斗个你死我活。

雄性如此具有攻击性和它们所处的生态环境密不可分。雄性会在浅水湿地或水道里占领地盘，然后从嘴里吐出泡泡筑起"泡巢"。这种水域环境少有大型鱼类生活，很安全，但是能够筑巢的地方并不多。因此，雄性之间的领地之争变得异常激烈。

如果自己的领地里有雌性闯入，雄性会骄傲地摆动鱼鳍并跳起欢快的舞蹈。如果雌性对它一见倾心，就会产卵，而雄性则会把这些卵宝宝搬运到自己筑好的泡巢里保护起来。不过，产卵后的雌鱼似乎变成了"糟糠之妻"，雄鱼会一边撕咬雌鱼一边将它驱赶出自己的领地。

雌 性

　　雌性虽然也有漂亮的身姿，但是和雄性比起来怎么看都稍逊一筹。艳丽的雄鱼生来就有变美基因，所以人们对改良雌鱼并不积极。

　　实际上，野生斗鱼并没有那么艳丽，也就是"有点好看"而已。在自然环境中鲜艳的外表可以赢得同类的欢迎，过于艳丽就会吸引捕食者的目光，所以它们不会自发地长成如此艳丽的样子。

07

密棘鮟鱇

Ceratias holboelli

栖息地
热带到温带的深海

全长
雄性：16 cm
雌性：120 cm

分类
硬骨鱼纲·鮟鱇目·角鮟鱇科

食物
鱼

雌性

密棘鮟鱇生活在 400～2000 m 的深海中，不过它们不会像其他鮟鱇鱼那样藏在沙子底下。从正面看，密棘鮟鱇的身体为细长的"领带"形，藏在海底并不容易。它们会在深海中四处游荡。

阳光无法照射进深海，通过光合作用成长的浮游植物无法生存。因此，以它们为食的动物也无法存活，海底的生物数量很少。

密棘鮟鱇生活在海底，当雌性排卵时，很难在合适的时机与雄性相遇，所以它们进化出了一个特征，即一旦雌雄相遇就不再分开。也就是说，体型较大的雌性会把雄性变成自己身体的一部分。靠着这一特性，每当雌性排卵时，雄性都可以为其进行体外受精。

♀ 雌性借着和雄性合体的契机发育成熟，从而可以产卵。

♂ 合体前的雄性全长只有1 cm左右。和雌性合体后会继续成长。

超小

♂ 合体后的雄性，鱼鳃、心脏和精巢以外的器官都会缩小，变得无法独自存活。

雄性

　　雄性幼鱼变态发育为鱼苗后，不再进食，余生也只剩几个月。不过，这期间如果能够和雌性相遇，它们就会咬住雌性，吸附在雌性身上，并通过吸取雌性血管中的营养物质而得以继续生存。

　　雄性会用自己超大的眼睛来寻找雌性，但是能遇到的概率非常低。因此，一旦遇到了，哪怕对方身上已经附着其他雄性，它们也会不顾一切地和对方合体。

08

角囊蛙

Gastrotheca cornuta

栖息地
南美州

体长
雄性：67 mm
雌性：71 mm

分类
两栖纲·无尾目·扩角蛙科

食物
昆虫

雌性

双眼上方有角，后背上有背袋，这就是角囊蛙。雌性会把孩子放在背袋中养育，是一种很特别的蛙。

雌性会产下5~10个较大的卵，然后放到背袋里。幼蛙会从卵中孵化出来，雌性需要一直背着它们长达两个月以上。在这个期间，雌性背上的卵宝宝们特别欢腾，这使得雌性的样子很奇妙。

说到这，可能会有人问——"从卵里孵化出来的难道不是蝌蚪吗？"角囊蛙的卵是没法孵化出蝌蚪的。卵宝宝只是通过吸收卵内的营养成长，然后变态成青蛙完成孵化。因此，雌性的体长只有7 cm，它们充满营养的卵的直径却可能超过1 cm，是两栖动物中最大的。

雄 性

　　只有雄性会叫。"雌蛙通过听雄蛙的叫声来择偶"是蛙的基本战略，所以鼓动喉部的"鸣囊"鸣叫的只有雄蛙。

　　角囊蛙也是这样。雄性在高高的树上发出像打开香槟的瓶塞时的"Bong！"的声音来呼唤雌性。

　　另外，把卵往雌性的袋子里塞的工作也由雄性负责，它们仔仔细细地操作着，往往会花上3个多小时。

09

壮发蛙

Tricobatrachus robustus

栖息地
非洲中部

体长
雄性：12 cm
雌性：9 cm

分类
两栖纲·无尾目·节蛙科

食物
昆虫、甲壳类

雄性

　　壮发蛙的躯干和大腿上长着像火焰一样的"毛发"。虽然只有雄性长有"毛发"，但这"毛发"却不是为求偶而生。实际上，这些"毛发"是松弛的皮肤，能帮助呼吸。

　　蝌蚪在水中用鳃呼吸，变成青蛙后在陆地上用肺呼吸，湿润的皮肤也会协助呼吸。不过，靠皮肤呼吸的蛙类比例不到一半，如果一直泡在水里就会变得呼吸困难。可是，雄壮发蛙的皮肤像绒毛一样松弛从而增大了表面积。它们光靠皮肤呼吸就可以摄取足够的氧气。

　　只有雄性长着"毛发"的原因可能是为了在水中保护卵宝宝。从卵宝宝到成蛙的过程中，雄性会一直在水中守护它们，所以可能对呼吸器官的要求更高一些。

大部分蛙类的雌性个头比较大，但壮发蛙却是雌性个头更小。

回森林里去喽……

老爸守护你们健康成长！

由于"毛发"中有血管，所以看上去很红。雄性通过"毛发"，将水中的氧气吸进血管。

雌性

　　雌性平常生活在森林里，到了繁殖期才会跑到小河中产卵。在河底产卵后，它们会立刻返回森林。

　　体型相对较大的雄性会一直潜在水中保护卵宝宝。虽然通过这样的方式可以增加后代存活的概率，但雌性和普通的青蛙一样只负责生不负责养。既然这样，为什么只有雄性为守护孩子长出了茂盛的"毛发"呢？这在蛙界至今是个谜。

负子蟾

Pipa Pipa

10

栖息地
南美洲

体长
雄性：15 cm
雌性：15 cm

分类
两栖纲·无尾目·负子蟾科

食物
鱼

雌性

负子蟾是非常奇特的蛙类。它们的眼睛非常小，没有舌头和牙齿，用前爪的爪尖寻找猎物，然后将其整个吞掉。它们长成扁平状的原因是需要潜入河水或池塘的底部伪装成枯叶。虽然偶尔会为了呼吸将鼻头露出水面，一般情况下它们不会活动。

雌性用后背育儿。进入繁殖期后，雌性的后背就会鼓起来，变得十分松软。产卵完成后，雄性就会把卵塞到雌性的后背上。

被放到雌性后背上的卵宝宝会逐渐沉入妈妈的皮肤里。2~3 个月后就会从蝌蚪变成小负子蟾，然后冲破妈妈的皮肤来到外面的世界。顺便说一下，结束育儿的雌性后背会变得坑坑洼洼。经过一段时间后皮肤上层才会脱落，进而恢复原样。

雄性

　　繁殖期以外，雌性和雄性的长相没有区别，行动上却有所不同。雄性有自己的领地。

　　负子蟾没有鼓膜所以无法听到声音，但是雄性位于喉部的软骨会发出"咔其咔其"的声音。这种震动通过水传播，不仅可以用来向其他雄性宣誓主权，还可以用来向雌性求爱。每当有其他雄性侵入自己领地时，它们会推挤或狠狠咬住对方，将其驱逐。

11 散疣短头蛙

Breviceps adspersus

它们会深深地潜入稍微湿润的土壤里，并在其中产下约30个直径达 8 mm 的卵。

雄性的腿很短，没有脚蹼，不会跳跃。

栖息地
非洲

体长
雄性：3 cm
雌性：6 cm

分类
两栖纲·无尾目·姬蛙科

食物
昆虫

雄性

散疣短头蛙平常藏在土里，当多雨季到来时，才慢吞吞地爬到地面上。那时，雄性会发出"Q、Q"的高亢的声音来呼唤雌性，雌性也会在这时产卵。

雄性长得格外小巧，雌性产卵时无法将其抱住。但是雌性的后背会分泌出黏糊糊的液体，它们齐心协力，以相互粘贴在一起的状态产卵。

雌性

　　散疣短头蛙是一种一生都生活在土里的奇特物种。它们长得像一个鼓起来的年糕，如果受到惊吓身体会变大。另外，蛙类基本上都是嘴巴特别大，而短头蛙的嘴巴却非常小，它们只吃白蚁等昆虫。

　　雌性的体长是雄性的 2 倍，这也是一个特别的地方。另外，雌性的体重是雄性的 8 倍，雌雄的个头差别简直就像大福（一种日式糕点）和 QQ 糖的差别。

　　雌性如此硕大是因为要产巨大的卵。它们产卵也在土里，卵即使发育成蝌蚪也不会游泳。不过它们硕大的卵中充满营养，这足以供给从小蝌蚪变态到蛙的全过程。散疣短头蛙的宝宝们在长成幼蛙后才出生。

12

尾蟾

Ascaphus truei

雄性

所有的蛙都属于无尾目，都没有尾巴。它们在蝌蚪时期有长长的尾巴用来游泳，但是变态成蛙后尾巴会缩小直到没有。

但是，雄尾蟾却长着一根小"尾巴"，这在蛙中是独有的。这根"尾巴"好像是把它的肛门扯出来然后拉长一样，其实是它的交配器，在交配的时候用得上。

其他的蛙会采用体外受精的方式，即雄性将精子排在雌性产出的卵子上。雄尾蟾则会用尾巴将精子送入雌性体内，实现体内受精。

尾蟾采用体内受精的方式是因为它们生活在流速很快的小河中。即使它们想要进行体外受精，精子也会立刻被冲走而难以受精成功，所以排出精子的器官才会变长吧。

雄性蝌蚪时期的真正的尾巴会退化，而肛门周围会像尾巴一样变长。

雌性需要 7~8 年的时间才能长到产卵的成熟阶段。它们在冰冷的河水中慢慢成长。

雌性

　　尾蟾生长在流速快且水温低的山间溪流里。秋天，完成交配后的雌性会让精子暂时存留在体内，到次年夏天再产卵。

　　雌尾蟾会躲在卵不容易被水冲走的大岩石下面，把卵包裹在果冻状的物质中。它们一次大约产下 40 个直径为 5 mm 的卵。由卵发育成的蝌蚪会长成扁平状以降低水流的阻力。它们用变成吸盘的嘴吸住石头，以苔藓为食慢慢长大。

第5章　鱼·两栖动物

后记

　　我在这本书里为大家介绍了一些动物，它们的雌雄之间存在有趣的不同。这其中，有的动物让人觉得它们的雌性和雄性完全不是同一物种，有的则是雌性和雄性拥有完全不同的生活方式。

　　物种进化的产生往往只有一个理由，那就是拥有对延续后代有利的特点。

　　所以，进化中存在着有利的理由。

　　但是，这个理由并不是万能的。

　　物种的不同特征的有利性会随着周围环境的变化而变化。

因此，就像有的动物雄性体型更大，有的却是雌性体型更大一样，也有动物是朝着相反的方向进化的。

现在的动物界，有雌雄之分的动物生生不息地繁衍。但是像蚯蚓、蜗牛这样，雌雄之间没有区别的"雌雄同体"生物，在现实中也有很多。

那么，为什么对雌雄同体的生物来说，不分性别反而更有利呢？

如果试着想一想这个问题的答案，我们对生物的探索应该会变得更有趣。

丸山贵史